知の扉シリーズ

測度の考え方

測り測られることの数学

原 啓介

まえがき

本書では長さや面積，体積などを数学的に一般化，抽象化した「測度（measure）」の概念をやさしく説明します．数学科の教育における「測度論」や，「ルベーグ積分論」または単に「積分論」と呼ばれる科目に相当しますが，それらの教科書に指定される本に比べれば，かなりやさしく考え方を中心に解説しています．大体，高校数学で学ぶ微積分の知識があれば通読に十分でしょうが，かなり手強い箇所もあるかもしれません．

初学者にとって測度の理論はとっつきにくく，挫折しやすいようです．その理由は，なんのためにするのかよくわからない，ということに尽きるのではないでしょうか．私自身も長い間，無味乾燥でやっかいな議論の末に当然の事実が導かれるだけのつまらない科目だ，と感じていました．

測度論やルベーグ積分論を使う，という立場にしたところで，結局，「フビニの定理より……」とか「ルベーグの収束定理より……」などの呪文さえ唱えられればこと足りるようなもので，そのためだけにこんな面倒が必要なのか，と．

専門家ですらそんな調子なのですから，初学者にとってはなおさらでしょう．しかし実際のところ，測度論は簡単な集合の計算とロジックだけから，信じられないほど強力で驚くべき事実が示される興味深いものです．しかもそれが，人間にとって古代からなじみ深い長さや面積や体積の性質を，徹底的に反省して抽象化することで成し遂げられます．

このような測度論の面白さをできるだけやさしくお話ししてみたい，ということが本書のテーマです．各章の構成は次のようになっています．

まず第1章は，長さや面積や体積について人間はどのように考えてきたのか，その直観的な理解をふりかえります．測りたいものを小さな部分に分けて集め直すことで計算でき，しかもそれが無限に細かい極限でも成り立つ，という古代から人間が持っていた直観と確信が，測度論に息づいています．

第2章と第3章は，測度論という現代的な数学を構築するための基礎知識，具体的には，集合，写像，実数の3つの概念の整理です．これらをすでによく知っている読者にとっては，測度論への準備であることを意識しつつ，おさらいする内容です．

第4章から第8章が本書のメインパートであり，ここで測度論を展開することになります．ただし，前半の第4，5章と後半の第6，7，8章では議論の方向が違います．前半では，具体例からその抽象化に向かう方向，後半では，それとは逆に抽象的な定義から具体例に向かう方向で，測度論を展開します．また，この前半は測られる対象を制限する方向でもあり，後半は測られる対象を拡張する方向でもあることを強調しておきます．

第9章以降が測度論の直接的な応用であるルベーグ積分の理論です．ルベーグ積分とは皆さんがすでにご存知の積分（リーマン積分）の再発明と言ってもよいでしょう．このルベーグ積分によって積分の様々な問題がすっきりと解決する様子を見ます．

測度論やルベーグ積分論についてはすでに多くの専門書や教科書があり，名著や標準の地位を確立しているものもあります．しかし，測度論がどういうものか知ってみたいという，知的興味に応える入門書はまだ十分ではないはずです．本書がそのような一冊になることを期待します．

原 啓介

2022年 小石川にて

まえがき iii

第1部 測度論以前のこと

第1章 長さ，面積，体積の昔 1

1.1 測るということ 2
1.2 どんな形でも測れるのか？ 3
1.3 円の面積はなぜ πr^2 か 4
1.4 アルキメデスのとりつくし法 6
1.5 錐体の体積はなぜ柱体の 1/3 か 9

第2章 測り，測られることの数学的基礎1 — 集合 13

2.1 始まりはいつも集合 14
2.1.1 集合とはなにか？ — 素朴な定義 14
2.1.2 有限集合と無限集合 19
2.1.3 無限集合の２つの種類 24
2.2 「図形」を集合と見るには 27
2.2.1 和集合と共通部分，「または」と「かつ」 27
2.2.2 差集合と否定 32
2.2.3 集合の分割と同値関係 34

第3章 測り，測られることの数学的基礎2 — 実数と写像 39

3.1 測る「量」としての実数 40
3.1.1 実数の区間と無限大 40
3.1.2 実数の実感 43
3.1.3 実数の連続性について 46
3.1.4 上極限と下極限 51
3.2 写像 55
3.2.1 写像の基本 55
3.2.2 簡単な写像の知識 — 全射，単射，全単射，逆写像など 59
3.2.3 ちょっと高度な写像の知識 — 像と逆像，制限と拡張など 61
3.2.4 関数と連続性 64

第2部　具体から抽象へ
— カラテオドリの条件のパズルとルベーグ測度–

第4章　基本図形で覆って測る：外測度の考え方 ―― 69

4.1　外測度の考え方 …… 70
4.1.1　1次元にも複雑な図形がある …… 70
4.1.2　複雑な図形をどう測るべきか …… 72
4.1.3　「長さゼロ」とは？ …… 76
4.1.4　区間 $[0, 1]$ の外測度は1か？ …… 79
4.2　外測度の性質 …… 82
4.2.1　他の種類の区間の外測度と単調性 …… 82
4.2.2　平行移動不変性と加法性 …… 84
4.2.3　劣加法性 …… 86

第5章　ルベーグ測度 ―― 91

5.1　カラテオドリの条件とルベーグ可測集合 …… 92
5.1.1　加法性のパズル — カラテオドリの条件 …… 92
5.1.2　カラテオドリの条件のパズル：条件の言い換え …… 96
5.1.3　パズル２：基本的な図形が条件を満たすこと …… 98
5.1.4　パズル３：集合演算が閉じていること …… 102
5.1.5　パズル４：可算個の和集合が閉じていること …… 105
5.2　ルベーグ測度 …… 107
5.2.1　ルベーグ外測度からルベーグ測度へ …… 107
5.2.2　ルベーグ測度の性質 …… 109
5.2.3　外測度と測度の抽象化への道 …… 112
5.2.4　ルベーグ可測でない集合 …… 116

第3部　抽象から具体へ
― 測り測られることの本質を抜き出す ―

第6章　定義で始める測度論 ―― 121

6.1 測られるものたち（σ-加法族）と測るもの（測度）の定義 …… 123
6.1.1 σ-加法族の定義 …… 123
6.1.2 測度の定義 …… 125
6.2 σ-加法族の簡単な例 …… 127
6.2.1 有限集合上の σ-加法族 …… 127
6.2.2 一般の集合上の σ-加法族の簡単な例 …… 132
6.2.3 σ-加法族の大小関係 …… 135
6.3 測度の簡単な例 …… 137
6.3.1 自明な測度と有限集合上の測度 …… 137
6.3.2 有限分割を持つ集合上の測度 …… 140
6.3.3 ちょっと変わった測度（ディラック測度） …… 142

第7章　そして定義から性質を導く ―― 145

7.1 σ-加法族の性質を定義から導く …… 146
7.1.1 もっともやさしい性質の証明 …… 146
7.1.2 色々な集合演算についても閉じていること …… 147
7.2 測度の性質を定義から導く …… 150
7.2.1 有限加法性 …… 150
7.2.2 単調性と劣加法性 …… 153
7.2.3 連続性 …… 156

第8章　測度の構成という問題 ―― 161

8.1 σ-加法族の構成 …… 162
8.1.1 集合族から生成された σ-加法族 …… 162
8.1.2 σ-加法族より弱い集合族 …… 165
8.2 前測度から測度へ …… 168
8.2.1 前測度の拡張としての測度 …… 168
8.2.2 拡張定理 …… 170
8.2.3 本質的な例：直線上の「長さ」とはなにか？ …… 172
8.2.4 ルベーグ測度の問題 …… 176

第4部　積分を再発明する — ルベーグ積分の世界

第9章　ルベーグ積分 — 181

9.1 リーマン積分からルベーグ積分へ …… 182
9.1.1 積分の復習 …… 182
9.1.2 リーマン積分の弱点 …… 185
9.1.3 高さをコントロールする — ルベーグ積分のアイデア …… 188
9.2 ルベーグ積分の構成 …… 190
9.2.1 可測関数 …… 190
9.2.2 単関数とその積分 …… 196
9.2.3 可測関数を単関数で近似する …… 198
9.2.4 一般の積分 …… 204
9.2.5 ルベーグ積分の基本的な性質 …… 206

第10章　ルベーグ積分の御利益の色々 — 213

10.1 収束定理の色々 …… 214
10.1.1 単調収束定理 …… 214
10.1.2 収束定理のヴァリエーション …… 216
10.1.3 収束定理が適用できない例 …… 219
10.2 フビニの定理 …… 223
10.2.1 具体的に：２次元のルベーグ測度 …… 223
10.2.2 抽象的に：直積測度 …… 226
10.2.3 フビニの定理 …… 229
10.3 微分との関係 …… 235
10.3.1 積分と微分との交換 …… 235
10.3.2 微積分学の基本定理 …… 237
10.3.3 ルベーグ積分論における微分学 …… 239
10.3.4 最後に …… 245

参考文献 247
索引 249

第1部 測度論以前のこと

第1章 長さ，面積，体積の昔

1.1　測るということ

人間は太古の昔から，長さや面積，体積というものを直観的に認識していたでしょうし，それを測る方法についてもよく知っていました．

人間は身長に興味を持つと同時に，どちらの背が高いか比べ，あるいは壁につけた印や，肱から指先までの長さと比較したりしたはずです．また，獲物の重さがどれくらいか，畑の広さがどれくらいか，様々な量を同様に測ることで認識したことでしょう．

これらには共通する特徴が2つあります．第一の共通点は，基本的な単位の何倍であるか，いくつ含まれるかで，その量を測ろうとすることです．この根底には，これらの量が**分けることができる**，逆に言えば，**足し合わせることができる**という認識があります．

2つの棒をつなぎあわせると，それぞれの棒の長さの和が全体の長さになるでしょうし，複数の畑をあわせ持てば，それぞれの畑の面積の和に等しい面積の畑を所有することになるでしょう．これはワインの量についても，肉の重さについても，普遍的に成り立つ性質です．

しかし，このように単位がいくつ含まれるかで測るとき，単位のぴったり何倍かになることはほとんどありませんね．大抵は余りがあって，その残りの部分をより小さな単位で測ることになります．例えば，腕の長さの何倍かで測ることで余った部分は，次は手のひらの長さの何倍かで測り，さらに余った部分は指の幅の何倍かで測る，といった具合です．

そして，単位を小さくしていくことで，いくらでも精度を高くできて，それでもいつまでも測り切れないかもしれないが，**無限に細かくした究極の行く先の量が定まる**，という認識を持っている．これが第二の共通点です．

この2つの共通した性質は，測るという行為や考え方の中にあるのでしょうか．それとも，棒の長さや，畑の面積や，ワインの量といった，測られるものの中にあるのでしょうか．おそらく，測ることと測られることは表裏一体で，それが長さや面積，容量や重さといったものの本質なのでしょう．

1.2 どんな形でも測れるのか？

長さや面積を測るということにはもう1つ，隠れた共通点があります．それは，第二の共通点とも関係しているのですが，**どんなものでも測られるべき量が存在することが確信されている**ことです．

長さが測れない棒や，面積が測れない畑や，容量が測れないワインがありうるでしょうか．どんな複雑な形をした土地であっても，それを私たちが用意した単位で測り切れないのは，あくまで私たちの現実の都合にすぎず，その面積は必ず定まっているはずだ，という確信です．

実際，紙にペンでどんな複雑な図形を描いてみても，その図形の面積が存在しない，ということは想像しがたいでしょう．それに現実には原子のサイズより小さい誤差には意味がなく，その意味では面積は確かに存在します．

とは言え，数学的面積は現実の面積の理想としての近似なので，数学的面積が存在しない事態はあるやもしれません．その場合には，だんだんと細かい単位図形で埋めていく極限で面積を求めるという方法が疑わしくなります．

このように面積や体積に相当するものが，どんな形に対しても定義しうるのだろうか，という問題があることを覚えておいてください．本書では，この問題に対し，測度論という数学の立場から1つの答を与えます．さらに，その答には数学の根本に関わるようなデリケイトな事情があることも，一緒にご紹介することになるでしょう．

1.3 円の面積はなぜπr^2か

おそらく，古代から人間は長方形の面積が縦の長さかける横の長さであること，直方体の体積が縦，横，高さの長さの積であることを知っていたでしょう．これは，基本図形（正方形や立方体）に分けたり，それらで覆ったり敷き詰めたりといった方法と，これをどんどん細かくしていけば正確な量に近づくだろう，という発想から自然に辿り着くことです．

しかし，古代ギリシャ人はこのアイデアをさらに突き詰めることで，かなり複雑な図形の面積や体積を計算する方法も編み出していました．例えば，半径rの円の面積がπr^2，すなわち円周率かける半径の2乗であることを，皆さんもご存知の次のような方法で計算しました．

円を沢山の狭い扇形に切り分けます．そして，これを並び変えることで，ほとんど長方形にできます（図1.1）．この「長方形」の一辺の長さはrで，もう一辺は円周の長さ$2\pi r$の半分ですから，この面積は$r \times (2\pi r/2) = \pi r^2$になります．

図 1.1　円の面積の求め方

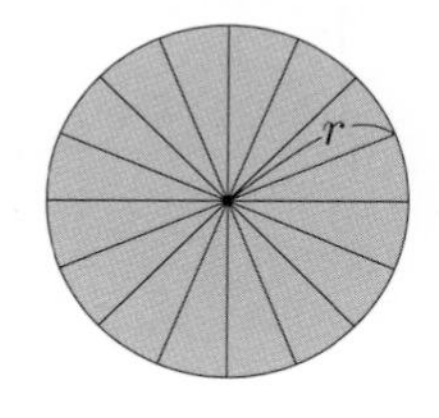

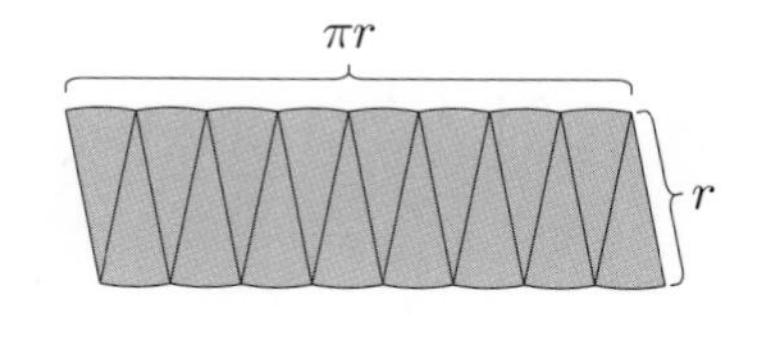

もちろんこれは近似にすぎませんが，扇形の角度をどんどん小さく，針のように細くしていけば，正確な長方形に無限に近づいていくでしょう．

これは長方形や直方体を基本図形で敷き詰めるよりはずっと巧妙ですが，**小さな基本図形に分けて，その極限として測りたい量を捉える**，という本質的なアイデアは同じです．

このアイデアの1つの極北は，放物線と直線で囲まれた図形の面積の求め方でしょう．やや複雑になりますが，この方法の威力を見てみましょう．

1.4 アルキメデスのとりつくし法

俄には信じがたいことですが，かのアルキメデスが放物線と直線で囲まれた図形の面積を**とりつくし法**と呼ばれる方法で計算したそうです．

もちろん高校で微分積分を学習した皆さんは，放物線 $y = x^2$ と x 軸に平行な直線 $y = 1$ で囲まれた図形の面積を積分を用いて，

$$\int_{-1}^{1} (1 - x^2)\, dx = \left[x - \frac{x^3}{3} \right]_{-1}^{1} = \left(1 - \frac{1^3}{3} \right) - \left((-1) - \frac{(-1)^3}{3} \right)$$
$$= \frac{2}{3} - \left(-\frac{2}{3} \right) = \frac{4}{3}$$

と簡単に計算することができるでしょう．

古代ギリシャ人は，方程式を用いた図形の表現方法も，xy 座標も知りませんでした．しかし，放物線を平面による円錐の切り口だと認識していたので，得意の幾何学を駆使することで放物線の色々な性質は利用できました．それが，次のちょっと不思議な関

係です.

放物線と直線の交点A, Bに対し，放物線上の点Cをそのx座標がA, Bのx座標の中点になるようにとり，三角形$\triangle ABC$を考えます（図1.2）．さらに，直線AC，直線BCもそれぞれ放物線と交わる直線ですから，同様にまたx座標が中点になるように，A, Cの間の放物線上に点Dを，C, Bの間に点Eをとって，$\triangle ADC$と$\triangle CEB$を作ります.

すると，最初の$\triangle ABC$の面積と，次に作った2つの三角形$\triangle ADC$と$\triangle CEB$の面積について,

$$\triangle ADC + \triangle CEB = \frac{1}{4}\triangle ABC$$

がいつでも成り立つのです.

皆さんは各点の座標から三角形の面積を計算して簡単にこれを確認できますが，古代ギリシャ人は放物線に色々な接線や割線を引いて初等幾何学を駆使することで，この関係を知っていたのです（しかも厳密な証明つきで）.

すると，さらにこの2つの三角形に対して，同じ手続きでそれぞれ2つずつの小さな三角形を作ることができ，それらに対してまた同じ手続きで小さな三角形を作れて，……とこれを無限に繰り返すことができ，しかもそのたびに，新しく作った三角形の面積の和はいつでも，その1つ前の手続きで作った三角形の面積の1/4になっています.

図 1.2　アルキメデスのとりつくし法

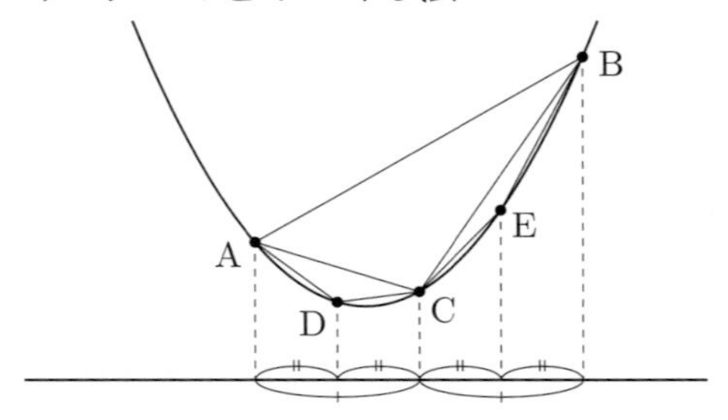

この手続きを無限に繰り返していけば，最初の直線が放物線から切り取った図形は，三角形たちでとりつくされるはずです．よって面積は，

$$\triangle ABC\left(1+\frac{1}{4}+\frac{1}{4^2}+\frac{1}{4^3}+\cdots\right)$$

となります．括弧内の無限級数の和 S は $4/3$ ですから（古代ギリシャ人も現代の高校生と同じく，$S-S/4=1$ の関係からこの級数の値を計算することを知っていました），求める面積は最初の三角形の面積の $4/3$ 倍です．

ゆえに，本節の冒頭では積分で計算した面積をこのとりつくし法で求めれば，最初の三角形は底辺が $1-(-1)=2$ で高さが 1 ですから，

$$\frac{(1-(-1))\times 1}{2}\times\frac{4}{3}=\frac{4}{3}$$

と正しく答が得られました．

1.5 錐体の体積はなぜ柱体の1/3か

ある図形の面積が計算できれば，それを底面に持つ柱体の体積が(面積) × (高さ)であることは，自然に認めることができるでしょう．

しかし，同じ底面を持つ錐体はどうでしょう．皆さんは円錐や三角錐など錐体の体積が同じ底面の柱体の体積の1/3倍だ，ということを子供の頃に習ったはずです．それはなぜなのか不思議に思ったのではないでしょうか．

私自身は，これは三角形の面積がそれを納める長方形の面積の1/2であることと関係があるはずだというところまでは気づいたものの，その理由が完全にわかったのは，（当然ながら）高校数学で積分を習ったあとでした（図1.3）．

図 1.3　三角形と1/2，三角錐と1/3

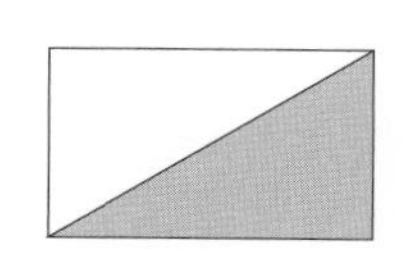

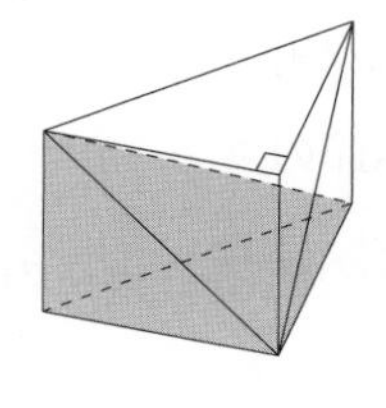

特別な場合を考えれば，底面が直角二等辺三角形，その二辺に等しい高さを持つ三角柱は，これと同じ底面と高さを持つ3つの

三角錐に分けることができるので，この三角錐の体積は三角柱の体積の1/3です．

しかし，これはたまたまそうなのかもしれません．他の三角錐や一般の錐体でもなぜそれが成り立つのか，そのポイントは，やはり図形を細かく分けて寄せ集める方法です．

ある立体の体積を計算するには，それを高さと垂直な水平方向に薄切りにして，その薄い柱体の体積の総和で計算すればよいでしょう．とすれば，この切り口の面積がいつでも同じ2つの立体の体積は同じはずです．

この論法は十七世紀のイタリアの数学者の名前にちなんで**カヴァリエリの原理**と呼ばれることが多いのですが（図1.4），基本的な発想は古代ギリシャ時代からあったと考えてよいでしょう．

このカヴァリエリの原理より，体積を変えずに錐体を変形することができます．また，高さを変化させたときには比例関係を用いて計算できます．つまり，異なる底面や異なる高さにこの1/3の量的関係を延長できて，一般の錐体についてもこの関係が保存されるわけです．

古代の人々の面積や体積の考え方を見てきましたが，ポイントは2つあります．1つは，図形を無限に細かい基本図形に分けてその総和として全体の量を計算する，という方法です．もう1つは，求めたい図形の量を，すでにわかっている図形の量の何倍か，という形で求めていることです．

図 1.4　カヴァリエリの原理

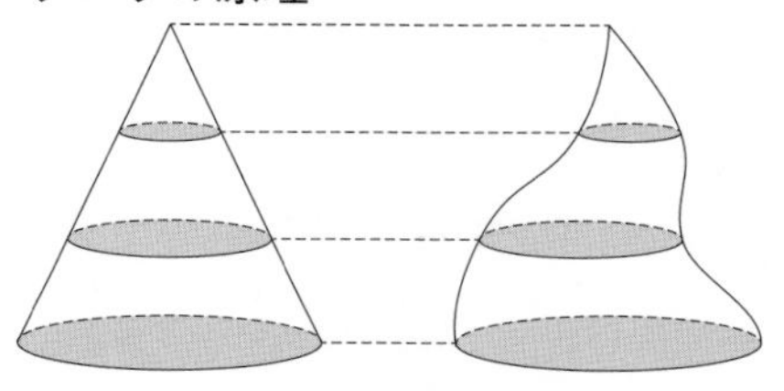

これらが可能であるためには，**この量について足し算が成り立っていて，しかもそれが無限に細かくする手続きで保存されなくてはなりません**．これは人間が長さや面積，体積，重さ，色々な測る量について成立していると直観し，確信している性質です．

しかし，この直観と確信が正確な数学に結実するのは二千年以上もあとでした．それだけの時間がかかったのは，そもそも数学の厳密化の必要性が正しく認識され，整備されたのが，二十世紀に入ってからのことだったためです．

無限に小さいということや，空間が連続であるということのように，一見は自明に思えて実は微妙な概念がきちんと論理的な言葉で述べられたこと，そして集合論を基礎にして数学が厳密化されたこと，これらによってようやく，長さや面積や体積といったものの抽象化が可能になったのです．

この抽象化はH.ルベーグ（1875–1941）による積分論の改革とともにまとまった形で提出され，そののち**測度**の理論として確立しました．本書はこの理論をできるだけやさしく解説しようとするものです．そのための出発点は，集合や実数，極限の概念など，数学の基礎的部分ということになるでしょう．

第2章

測り，測られることの数学的基礎1 — 集合

2.1 始まりはいつも集合

2.1.1 集合とはなにか？ — 素朴な定義

数学は論理の積み重ねだとよく言われますが，逆にどんどん下に戻っていくと，その一番根っこはどうなっているのか．その答が「集合」です．論理そのものを除けば一番の根底に，集合とはなにか，という定義があり，集合を用いて数学のあらゆることが順番に作られていきます．

測度についての理論ももちろん同様ですし，長さや面積を測る図形とは直線や平面に含まれる点の集合なので，集合が私たちにとって直接的な研究対象ということになります．

では，集合とはなんでしょうか．これを直観にゆだねることなく，論理的かつ厳密に述べることが二十世紀以降の現代数学の始まりなのですが，私たちの目的にとっては（そしてほとんどの数学者にとってもそうなのですが），次のような直観的な「定義」で間に合うでしょう．

とりあえずまずは，**集合とはものの集まりである**．例えば，1，2，3，4の4つの数からなる集合Aを

$$A = \{1, 2, 3, 4\}$$

のように「もの」を並べて中括弧“$\{,\}$”の中に書きます．そして，

1，2，3，4は集合Aに**属している**，とか，集合Aの**元である**，と言います．この「属している」や「元である」ことを示すには，記号“$\in$”を使います．また，「属していない」や「元でない」ことを示すには，記号“$\notin$”を使うのが便利でしょう．

$$1 \in A \quad \text{であり} \quad 3 \in A \quad \text{だが} \quad 5 \notin A, \quad \pi \notin A, \quad \text{猫} \notin A.$$

この集合の元であるための条件を明記して集合を書くこともできます．例えば，上と同じ集合Aは次のようにも書けます．

$$A = \{1\text{以上}4\text{以下の自然数}\}.$$

自然数全体もまた集合で，$\mathbb{N}$という記号で書くことが多いでしょう[注1]．

$$\mathbb{N} = \{1, 2, 3, 4, 5, \dots\}.$$

このように集合は無限に多くの元を持つことも可能です（曖昧な書き方ではありますが，“$\dots$”で「以下同様に無限に続く」ことを表しました）．

この$\mathbb{N}$を用いて，上と同じ集合Aを次のようにも書きます．

$$A = \{n : n \in \mathbb{N}, 1 \leq n \leq 4\}.$$

注1　自然数に0を含める流儀もあるが，本書では0を含めず，1以上の整数$1, 2, 3, 4, 5, \dots$を自然数とする．

つまり，集合 A とは集合 $\mathbb{N}$ の元であって，**かつ**，1以上4以下であるものの集合です．このように，集合の条件を複数並べて書いたときは，特に断らない限りは「かつ」が省略されていて，そのすべての条件を満たすものを意味します．

なお，ここで元を表す文字 n と条件たちの間を区切るのに使った記号“:”を“|”や“;”で書く流儀もありますが，本書では“:”に統一します．

また，同じことを，

$$A = \{n \in \mathbb{N} : 1 \leq n \leq 4\}$$

のように $n \in \mathbb{N}$ を区切りの前に書く記法もよく見かけます．その心は，「今，自然数について考えているのだが，特にそのうち次の条件を満たすもの」という気分です．

このように，**集合とはものの集まりであって，しかも，その元であるかないかが明確に定まっているもの**です．

あまり注意されないことを老婆心ながら1つだけ述べておくと，集合の元たちは互いに区別できなければなりません．つまり，集合に同じ元が重複して含まれること，例えば，

$$\{1, 1, 2, 2, 2\}$$

のようなことはありません．元として属するか属さないかのルールだけが集合の本質なので，このような重複を考えることには意

味がないからです.

ただし,「異なる元を同じ元だとみなして新しい集合を作る」ということはしばしば用いられる重要な手法です.この考え方は,もう少し集合に慣れたあとで改めて説明します.

集合について「"$\in$"(属する)」の次に重要な関係は,「"$\subset$"(包含関係,含まれる)」です.2つの集合A, Bがあるとき,Aの元がどれもBの元ならば,

$$A \subset B$$

と書いて,AはBの**部分集合**である,BはAを**包含する**,などと言います.もちろん,逆向きに$B \supset A$と書いてもかまいません.

例えば,$A = \{1, 2\}, B = \{2, 4\}, C = \{1, 2, 3, 4\}$について,

$$A \subset C, \quad B \subset C$$

ですが,AとBの間に包含関係はありません.

なお,Aの元がどれもBの元であるのが$A \subset B$ですから,AとBがまったく同じ集合の場合も可能性として含んでいることを注意しておきます.このときは,$A \subset B$かつ$B \subset A$でもあり,この場合を数が等しいとき同様$A = B$と書きます.もちろん,どんな集合Aについても$A \subset A$だし,$A = A$です.

等しくない部分集合であることを強調したいときには**真部分集合**と呼びます.AがBの真部分集合であることを$A \subsetneq B$のよう

な記号で表すこともありますが，$A \subset B$かつ$A \neq B$と書く方が明解でしょう[注2].

「“$\in$”（属する）」は元と集合の関係，「“$\subset$”（含まれる）」は集合と集合の関係であることに注意してください．混同などしないと思われるかもしれませんが，集合は「ものの集まり」ですから集合を元に持つ集合を考えてもよいわけで，その場合には間違いやすいものです．

集合の集合であることを強調したいときには**集合族**と言います．例えば，ある集合Xに対して，その部分集合すべての集合は集合族で，2^Xというちょっと変わった記号で表します．これはXの各元を採用する/しないの二者択一で部分集合が1つ定まる，ということに由来する記号であり，2をX乗（？）するわけではないのでご注意ください．

なお，元がなにもない集合も可能で，これを**空集合**と言います．無理に中括弧$\{,\}$の記法を援用すれば集合$\{\}$（中身がなにもない）ですが，特別な集合なので$\emptyset$という記号を用意します．

ちょっと変に思われるかもしれませんが，空集合は元を持たないので「含まれる（包含)」の条件が自動的に満たされ，どんな集

注2　他の流儀としては，本書での部分集合の意味で記号$A \subseteq B$を使い，真部分集合のときに限って$A \subset B$と書く記法がある．この方法は数の不等号“$\leq$”と“$<$”の記号に整合しているという利点があるものの，真部分集合を強調したい場合があまりないせいか，ポピュラーでないようである．

合 A に対しても $\emptyset \subset A$ だと考えます．もちろん，他の集合と同様に自分自身にも包含されています（$\emptyset \subset \emptyset$）．

では，逆にすべてのものの集合，つまり，どんなものでも元にしてしまうという集合もOKなのではないか，と思うところですが，これは数学の基礎に関する色々な問題を引き起こすので[注3]，集合として許さないことになっています．

練習 2.1.1. ある集合 X について，$\emptyset \in 2^X$ だろうか，また，$\emptyset \subset 2^X$ だろうか．空集合だけを元に持つ集合 $\{\emptyset\}$ は，$\{\emptyset\} \in 2^X$ だろうか，また，$\{\emptyset\} \subset 2^X$ だろうか．

2.1.2　有限集合と無限集合

自然数全体の集合 $\mathbb{N}$ の他にも皆さんにおなじみの数の集合と言えば，整数全体 $\mathbb{Z}$，実数全体 $\mathbb{R}$ などでしょう．有理数全体という集合もありますね．これは $\mathbb{Q}$ と書くことが多いです．無理数全体は「有理数ではない実数」と表して，特に記号を用意しないのが普通でしょう．

自然数，整数，有理数，無理数，実数がどんなものであるかについては，皆さんは大体のところすでにご承知だと思います．整数は自然数に対して 0 と負の数 $-1, -2, -3, \ldots$ をさらに追加

注3　例えば，この「集合」は自分自身を含むはずだが，自分自身を含む集合があるのなら，自分自身を含まない「集合」の「集合」は自分自身を含むのか？など．

したものですし，有理数は整数の比で表せる数（例えば，$3/5$や$-11/100$など），無理数は整数の比で表せない数（例えば，$\sqrt{2}$や円周率πなど），実数とは有理数と無理数をあわせた総称で，無限に延びた数直線上の点として表せるのでした．そして，これらの間には次のような包含関係があることもよいでしょう．

$$\mathbb{N} \subset \mathbb{Z} \subset \mathbb{Q} \subset \mathbb{R}. \tag{2.1}$$

これらはどれも無限に多くの元を持つ集合，すなわち**無限集合**です．一方で有限個しか元を持たない集合のことを**有限集合**と言います．「有限」とはその個数が5個だとか1億個だとか数え切れること，また，「無限」とは有限ではないことです．日常的にはこの理解でほとんど問題ないでしょう．

しかし，測度論のような高度な数学を学ぶ上では，有限と無限の性質をもっと正確に理解しておく必要があります．その鍵は「1対1対応」です．この概念はのちに「全単射」として正確に定義されますが（3.2.2節），今のところは，「2つの集合A, Bについて，Aの元とBの元を1つずつすべてペアにすること」としておけば十分でしょう．

例えば，$A = \{1, 2, 3\}, B = \{a, b, c\}$について，$(1, a), (2, b), (3, c)$とペアにすることができ，$A, B$どちらにも余りはありません．これが1対1対応です．しかし，$B' = \{a, c\}$とすると，AとB'の間にはどうしても1対1対応を作ることはできません．元の個数が違うからですね．

このように有限集合については，「元の個数が同じである」ことと「1対1対応がある」ことは同じことです．これは当たり前のようですが，無限について考えるときには重大な手がかりになります．

まず第一に，無限集合の場合にはこの性質が成り立ちません．そして第二に，この観点から無限の間にも色々な無限があることが導かれます．まず前者から見てみましょう．

例えば，自然数の中で特に2で割り切れる数の全体の集合Eを考えましょう．つまり偶数の自然数ですね．自然数全体$\mathbb{N}$とそのうち偶数であるものEとは，次のように「2倍」の操作を通して1対1の関係にあります．

$$
\begin{array}{ccccccccc}
\mathbb{N} & = & \{ & 1, & 2, & 3, & 4 & \ldots\} \\
 & & & \updownarrow & \updownarrow & \updownarrow & \updownarrow & \\
E & = & \{ & 2, & 4, & 6, & 8 & \ldots\}
\end{array}
$$

しかし，自然数のうちには偶数の他に，$1, 3, 5, 7, \ldots$といった奇数もあるので，Eは$\mathbb{N}$の真部分集合です．これは有限集合では起こりえない事態です．逆に言えば，こういうことが起こってしまうのが無限集合だ，とも言えます．

例えば，0より大きく1より小さい実数の集合Rはもちろん$\mathbb{R}$の真部分集合です．しかし，Rと$\mathbb{R}$の間には1対1対応があります．例えば，三角関数の tan（正接）をご存知の方なら，これを使った対応を思いつくでしょう．

第二の観点に移ると，1対1対応によって，無限集合たちの間にも「元の多さ」の違いを導入できます．上の例で言えば，E は $\mathbb{N}$ の真部分集合なので，前者より後者の方が元が多いだろう，と一見は思えます．しかし，これは無限集合においては常に起こりうることなので，これだけをもって E より $\mathbb{N}$ の方が元が多いとは言えません．むしろ，1対1対応がつけられるなら「同じ多さ」だと考えるべきなのです．

この考え方によれば，$\mathbb{N}$ と E は同じ多さの無限集合です．これを数学の言葉では同じ**濃度**である，と言います．記号では集合 A の濃度を $|A|$ で書くことが多いでしょう．A が有限集合なら濃度は元の個数なので，$A = \{1, 2, 3, 4\}$ なら $|A| = 4$ と書くわけです．

しかし，自然数全体 $\mathbb{N}$ や E のときは個数を書けないので，自然数全体の濃度を $\aleph_0$ という記号で表すのが普通です[注4]．つまり，

$$|\mathbb{N}| = |E| = \aleph_0$$

です．

整数 $\mathbb{Z}$ はどうでしょうか．これも一見は自然数より多そうです

注4　“$\aleph$”は数学記号では珍しいヘブライ文字で，読み方は「アレフ」．“$\aleph_0$”は「アレフゼロ」，「アレフノート」などと読む．

が，次のように絶対値の小さい方から順に自然数とペアにしていけば1対1対応がつけられますので，やはり$|\mathbb{Z}| = \aleph_0$ということになります．

$$\begin{array}{ccccccccc} \mathbb{N} & = & \{ & 1, & 2, & 3, & 4, & 5, & 6, & \ldots\} \\ & & & \updownarrow & \updownarrow & \updownarrow & \updownarrow & \updownarrow & \updownarrow & \\ \mathbb{Z} & = & \{ & 0, & 1, & -1, & 2, & -2, & 3, & \ldots\} \end{array}$$

さらに，有理数$\mathbb{Q}$はどうでしょう．これは自然数や整数よりずっと多い気がしますね．でも，有理数は整数の既約分数で一通りに書けますから，分子と分母の絶対値の和が小さい方から順に自然数とペアにしていくことができます．負の数は正の数のすぐあとに並べることにすればよいでしょう．

$$\begin{array}{ccccccccc} \mathbb{N} & = & \{ & 1, & 2, & 3, & 4, & 5, & 6, & \ldots\} \\ & & & \updownarrow & \updownarrow & \updownarrow & \updownarrow & \updownarrow & \updownarrow & \\ \mathbb{Q} & = & \{ & 0, & \frac{1}{1}, & -\frac{1}{1}, & \frac{1}{2}, & -\frac{1}{2}, & \frac{2}{1}, & \ldots\} \end{array}$$

以上より，$\mathbb{N} \subset \mathbb{Z} \subset \mathbb{Q}$はどれも同じ濃度$\aleph_0$を持つことがわかりました．では，$\mathbb{N}$と1対1対応がつけられないことはあるのでしょうか．実際，そういう場合があり，無限集合にも色々な程度があることがわかります．これはカントール（1845–1918）によって指摘された驚くべき事実で，二十世紀以降の現代数学の基礎づけに大きな影響を与えました．

2.1.3 無限集合の２つの種類

実は$\mathbb{R}$は$\mathbb{N}$と1対1対応をつけられません．つまり，$\mathbb{R}$の濃度は$\aleph_0$と異なり，$\mathbb{N} \subset \mathbb{R}$である以上，$\mathbb{R}$は$\mathbb{N}$よりずっと元が「多い」のです．以下ではそれを示しましょう．$\mathbb{R}$は0より大きく1より小さい実数の集合Rと1対1対応がつけられることはすでに見ましたから，Rと$\mathbb{N}$の間にどうしても1対1対応がつけられないことを示しましょう．

もしRの元が$\mathbb{N}$と1対1対応がつけられたとすると矛盾が生じることを示します．いわゆる背理法ですね．$\mathbb{N}$と1対1対応がつけられるということは，$\mathbb{Z}$や$\mathbb{Q}$で見たように，一列に並べられることに他なりません．Rの元が$a_1, a_2, a_2, \ldots$と一列に並べられたとしましょう．

そして，それぞれを無限に続く小数で表示して，次のように縦に並べます．ここで，例えば一番目の元の書き方$a_1 = 0.a_{11}a_{12}a_{13}\cdots$は，小数点以下の位の数字が順に$a_{11}, a_{12}, a_{13}, \ldots$という意味です．

$$
\begin{array}{lllllllll}
a_1 & = & 0. & \underline{a_{11}} & a_{12} & a_{13} & a_{14} & a_{15} & a_{16} & \cdots \\
a_2 & = & 0. & a_{21} & \underline{a_{22}} & a_{23} & a_{24} & a_{25} & a_{26} & \cdots \\
a_3 & = & 0. & a_{31} & a_{32} & \underline{a_{33}} & a_{34} & a_{35} & a_{36} & \cdots \\
a_4 & = & 0. & a_{41} & a_{42} & a_{43} & \underline{a_{44}} & a_{45} & a_{46} & \cdots \\
a_5 & = & 0. & a_{51} & a_{52} & a_{53} & a_{54} & \underline{a_{55}} & a_{56} & \cdots \\
 & \vdots & & & & & & & &
\end{array}
$$

たまたま有理数の場合は有限の桁で終わることもありますが，そのあとは0を並べて書くことで無限に続く小数の形に書きます．9を並べて書くこともできますが（$0.2 = 0.19999\cdots$）[注5]，0で書くことに統一しておきます．

こうして並べた数字たちの「対角線」，$a_{11}, a_{22}, a_{33}, \ldots$ のところに注目します．そして，b_j を a_{jj} が1ならば5，1以外ならば1として，新しい数 $b = 0.b_1b_2b_3\cdots$ を作ります．

すると b は0より大きく1より小さな実数なのでもちろん $b \in R$ のはずです．しかし，b は上ですべて並べたはずのどの a_j とも一致しません．なぜなら，b はどの a_j についても少なくとも，第 j 桁目の数字が異なる（$b_j \neq a_{jj}$）からです．

注5　初学者はこの等式を不思議に思うものだが，この右辺 $0.199999\cdots$ は0.2に無限に近づいていったその先の極限を意味しているので，それは0.2に等しいわけである．このような書き方ができるのは，のちに第3.1.3節で述べる実数の特別な性質である「連続性」による．

よって，$b \notin R$ということになりますが，Rの元はすべてこの列に並べたはずなので矛盾です．したがって，Rと$\mathbb{N}$が1対1対応を持つとした仮定が誤りとなり，1対1対応は存在しません．

ゆえに，$|\mathbb{R}| \neq \aleph_0$です．このように$\mathbb{N}$と同程度の無限と，それよりも「ずっと多い」無限があるのです．しかも，さらにもっと多い無限があり，さらにその上があり，というような階層があることも，本質的には上と同じ議論で示すことができます．

しかし，本書のテーマにおいて決定的に大事なのは，$\mathbb{N}$と同程度の無限集合，すなわち$\aleph_0$の濃度を持つ集合です．これを，**可算集合**である，とか，可算個の元を持つ，などと言います．元に$1, 2, 3, \ldots$と番号をつけられる集合，という意味で可付番集合という呼び方もあります．さらに可算集合か有限集合，つまり，有限集合である可能性も含めて無限集合であってもせいぜい可算集合である場合を「高々可算（個）」と言うこともあります．

一方で，$\mathbb{R}$のように可算集合ではない無限集合は，**非可算集合**である，とか，非可算である，などと言います．上で述べたように非可算の中にもレベルがあるのですが，本書で扱う範囲では特に区別せず，高々可算でないものをひっくるめて非可算として十分です．

2.2 「図形」を集合と見るには

2.2.1 和集合と共通部分,「または」と「かつ」

面積や体積を測りたい対象の「図形」を正確な数学の言葉で言えば,まずは平面や空間のような全体の集合の中で,ある領域を占める点の集まり,すなわち部分集合のことでしょう.舞台として1つ固定したこの全体の集合を**全体集合**と言います.つまり,図形は全体集合の部分集合です.

そして,単に部分集合というだけではなく,それらの面積や体積を測りたい以上は,その対象である部分集合たちに対して色々な操作をしたいでしょう.

例えば,ある図形と別の図形をあわせた図形の面積を考えたいならば,そもそも図形と図形をあわせる,という操作ができなければなりません.これに対応するのが和集合と第2.2.3節で見る直和です.後者は前者の特別な場合なので,まず和集合について見ましょう.

全体の集合をSとして,その部分集合$A, B \subset S$に対して,AとBをあわせた集合を考えたい.それをAとBの**和集合**や,合併,結びなどと言って,$A \cup B$と書きます.すなわち,

$$A \cup B = \{x \in S : x \in A \text{ または } x \in B\}. \tag{2.2}$$

ここで注意すべきことは「または」の意味です．日常の言葉遣いでは，「AまたはB」は「AかBかのどちらか一方」を示すことが多いのですが（「食後にコーヒーまたは紅茶がついております」），数学用語では「AかBの少なくとも一方，つまりAかBかAとBの両方か」のことです．

皆さんが最初に集合について勉強されたとき，**ベン図**という方法で，全体集合を四角い外枠で囲まれた内部，その部分集合を円や楕円で囲まれた内部として表現したはずです．和集合ならば図2.1の左のような感じですね．それくらい自然に図形と集合は同一視できるということでしょう．

図 2.1　ベン図（和集合 $A \cup B$ と共通部分 $A \cap B$）

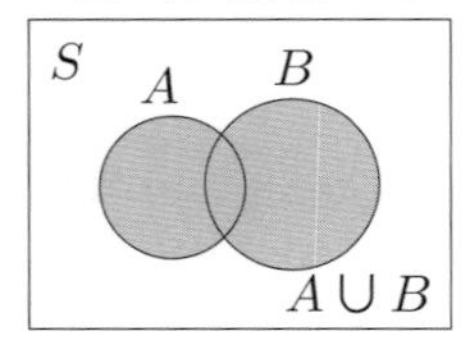

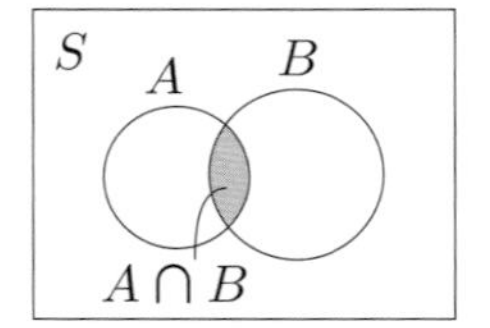

もちろん集合はまったく抽象的な概念ですから，図形と関係なく元はなんでもよいわけで，念のため自然数で簡単な例を挙げれば，

$$\{1, 2, 3, 4\} \cup \{3, 4, 5\} = \{1, 2, 3, 4, 5\}$$

ということですね．

複数の図形をあわせたものの他には，複数の図形が重なってい

る部分も図形として認識したいでしょう．これを集合で書けば，部分集合 $A, B \subset S$ の**共通部分** $A \cap B$ です．他に共通集合，積集合，積，交差（交叉）など多くの呼び方があります．

$$A \cap B = \{x \in S : x \in A \text{ かつ } x \in B\}.$$

和集合 (2.2) と比較すると，「または」が「かつ」になっているのが唯一の違いで，2つの集合の両方に属している元の集合が共通部分ですね（図 2.1 右）．

2つの図形だけではなくて，もっと沢山の図形をあわせた図形や共通部分を考えたい場合もあるでしょう．$A, B, C, \ldots$ と書いていてはすぐ文字がなくなってしまいますので，こういうときは，例えば集合が N 個あるなら，$A_1, A_2, \ldots, A_N$ のように**添え字**を使って表すのは，数列をご存知の皆さんにはおなじみでしょう．もうちょっと気の利いた方法として，$\{A_j\}, (j = 1, 2, \ldots, N)$ や $\{A_j\}_{j=1}^{N}$ などと書くのも問題ないでしょう．

さらに，高校のときにはあまり見かけなかった方法かもしれませんが，**添え字集合** $J = \{1, 2, \ldots, N\}$ を用意しておいて，$\{A_j\}, (j \in J)$ や $\{A_j\}_{j \in J}$ と書く手もあります．この方法は一般化しやすく便利です．

さて，集合 $A_1, A_2, \ldots, A_N \subset S$ に対して，その和集合とは，

$$A_1 \cup A_2 \cup \cdots \cup A_N$$

$$= \{x \in S : x \in A_1 \text{ または } x \in A_2 \text{ または } \cdots \text{ または } x \in A_N\}$$

ですが，この条件を次のように表現しても同じことです．

$$= \{x \in S : x \in A_j \text{ となるような } j \in \{1, \ldots, N\} \text{ が存在する}\}. \tag{2.3}$$

一方，有限個の $A_1, A_2, \ldots, A_N \subset S$ の共通部分は

$$\begin{aligned} &A_1 \cap A_2 \cap \cdots \cap A_N \\ &= \{x \in S : x \in A_1 \text{ かつ } x \in A_2 \text{ かつ } \cdots \text{ かつ } x \in A_N\} \\ &= \{x \in S : \text{すべての } j \in \{1, \ldots, N\} \text{ について } x \in A_j\}. \end{aligned}$$

この「すべての」を「任意の」（つまり「添え字 j をどう勝手に選んでこようが」）と言うこともありますが，同じ意味です．

和集合のキーワードは「または」や「ある」や「存在する」で，共通部分のキーワードは「かつ」や「すべての」や「任意の」です．これらは論理の言葉であり，集合と論理はぴったりと対応しているのです．

このように書くと，和集合と共通部分は集合を書く順番によらないことがよりわかりやすいですし（例えば，$A \cup B = B \cup A$），先に注意した「または」の数学的意味もはっきりします．つまり，x を含むような A_j を指し示す番号 j が1つでも「存在」すればよいのであって，それがただ1つである必要はなく，いくらあって

もよいのです．

また，A_j たちを並べて書くのは面倒なので，同じことを

$$\bigcup_{j=1}^{N} A_j = A_1 \cup A_2 \cup \cdots \cup A_N, \quad \bigcap_{j=1}^{N} A_j = A_1 \cap A_2 \cap \cdots \cap A_N$$

の左辺のようにも書きます．数列の総和記号 $\sum_{j=1}^{N} a_j$ の類似ですね．

また，有限個に限らず，ある図形を無限個の図形の和集合や共通部分として表したい場合もあるでしょう．可算個に限らず，どんな添え字集合 I に対しても，その和集合とは

$$\bigcup_{i \in I} A_i = \{x \in S : x \in A_i \text{となるような} i \in I \text{が存在する}\}$$

のことで，共通部分は，

$$\bigcap_{i \in I} A_i = \{x \in S : \text{すべての} i \in I \text{について} x \in A_i\}$$

です．

特に添え字集合 I が自然数全体 $\mathbb{N}$ の場合は，数列の総和記号 $\sum_{j=1}^{\infty} a_j$ にならって，

$$\bigcup_{j=1}^{\infty} A_j = \{x \in S : x \in A_j \text{となるような} j \in \mathbb{N} \text{が存在する}\}$$

の左辺のように書く場合もあります（共通部分 $\bigcap$ についても同様）．

2.2.2 差集合と否定

ある図形から別の図形を差し引く，ということもあるでしょう．集合で言えば，**差集合**です．正確に書けば，Aの元のうちBの元ではない元の集合を

$$A \setminus B = \{x \in S : x \in A かつ x \notin B\}$$

のように書いて，AとBの差集合と言います（図2.2左）．

差集合には順序があることに注意してください．つまり，$A \setminus B$と$B \setminus A$は一般には一致しません（たまたま一致するのはどういう場合でしょう？）．

図 2.2　差集合$A \setminus B$と補集合A^c

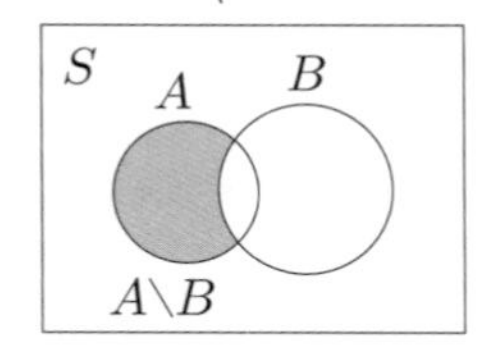

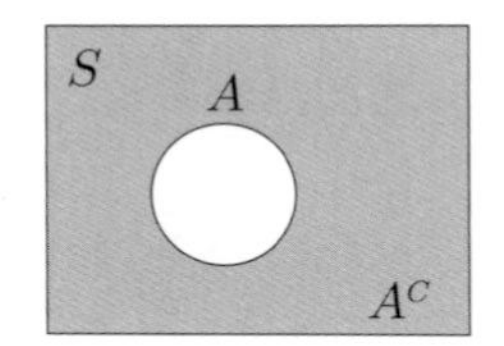

全体の領域を前提にしている場合には，ある図形の「外側」も図形として考えたいことがあるでしょう．これも差集合ですが，よく使うので特別に**補集合**と呼びます．具体的に書けば，全体集合Sを前提にしている場合，部分集合$A \subset S$の「外部」，つまりAの元ではないSの元の集まりを

$$A^c = \{x \in S : x \notin A\}$$

と書いて，Aの補集合と言います（図2.2右）．もちろん，これは$S \setminus A$に他なりませんが，Sを表に出さずに書けるのが便利なことが多いのです．

逆に$A \setminus B$を補集合を使って，$A \cap B^c$（Aの元のうちBの元でないものの集まり）と書くこともできます．むしろ，補集合は論理の言葉で言えば「〜でない」（否定）に対応していますので，その意味では差集合よりも補集合の方が基本的かもしれません．

以上，和集合，共通部分，差集合（補集合）で集合の基本的な操作は終了です．これらに慣れるため，次の練習問題で重要な関係式を確認してください．どちらの問題でも，ベン図を書いてその意味を確認してから，「かつ」と「または」の論理的な言葉で納得するのがよいでしょう．

練習 2.2.1（和集合と共通部分の分配法則）．集合A, B, Cについて次が成り立つことを確認せよ．

$$A \cap (B \cup C) = (A \cap B) \cup (A \cap C), \quad A \cup (B \cap C) = (A \cup B) \cap (A \cup C).$$

練習 2.2.2（ド・モルガンの法則）．どんな集合A, Bについても，**ド・モルガンの法則**と呼ばれる次の関係が成り立つことを確認せよ．

$$(A \cup B)^c = A^c \cap B^c, \quad (A \cap B)^c = A^c \cup B^c. \tag{2.4}$$

さらに，2個に限らず，集合 $A_1, A_2, \ldots$ についても次の関係が成立することを納得せよ．

$$\left(\bigcup_{j=1}^{\infty} A_j\right)^c = \bigcap_{j=1}^{\infty} A_j^c, \quad \left(\bigcap_{j=1}^{\infty} A_j\right)^c = \bigcup_{j=1}^{\infty} A_j^c. \tag{2.5}$$

2.2.3 集合の分割と同値関係

測度論でよく用いられるテクニックとして，問題になっている集合を共通部分のない部分集合たちの和集合として書き直す，というものがあります．

逆に言えば，複数の図形を重なりなくくっつけて1つの図形として扱う，ということですから，面積や体積のようなものを考えたいときには，いかにも重要な操作であることが想像されるでしょう．

本書でも今後よく使いますので，簡単に整理しておきます．集合 A と B の和集合を $A \cup B$ と書くのでしたが，特に A と B の共通部分がないとき，つまり $A \cap B = \emptyset$ のとき，かつ，そのことを強調したいときは，その和集合を特に A と B の**直和**と呼んで $A \sqcup B$ と書くことにします．

この“$\sqcup$”の記法はあまり一般的ではありませんが，（特に集合が沢山あるとき）いちいち共通部分がないことを断るのは面倒なので便利です．

直和は2つの集合に限らず，いくつでもかまいません．無限に多くの集合たちについても直和を考えられます．つまり，集合たちそれぞれがバラバラであるときの和集合です．この「バラバラ」を正確に言えば，どの2つについても共通部分がないということですね．これを**「非交差である」**とか「互いに素である」とも言います．

したがって，一般の直和とは**互いに非交差な集合の和集合**ということになります．記号で書けば，まったく一般の（非可算集合かもしれない）添え字の集合Iに対して，$i \in I$で添え字をつけられた集合たち$\{A_i\}_{i \in I}$が非交差なとき（どの$i, j \in I$についても$i \neq j$ならば$A_i \cap A_j = \emptyset$），その和集合を特に直和と呼んで，

$$\bigsqcup_{i \in I} A_i$$

と書きます．和集合"∪"の記号と同様に，添え字集合が有限集合のときや可算集合のときは，次のような書き方もできます．

$$A_1 \sqcup A_2 \sqcup \cdots \sqcup A_N, \quad \bigsqcup_{i=1}^{N} A_i, \quad \bigsqcup_{i=1}^{\infty} A_i.$$

互いに重なりのない複数の図形をまとめることと逆に，1つの集合を重なりのない複数の図形に分ける，という方向の見方も大事です．喩えて言えば，1つの大広間にパーティションを立てて小部屋に分けるようなものです．

ある集合Aが集合たち$\{A_i\}_{i \in I}$の直和で書けるとき，$\{A_i\}_{i \in I}$

を集合Aの**分割**と言います．有限個の場合の，

$$A = A_1 \sqcup A_2 \sqcup \cdots \sqcup A_N = \bigsqcup_{i=1}^{N} A_i$$

はわかりやすいでしょうが（大広間をN個の小部屋に仕切った），A_iたちが無限に多くても分割です．

集合を分割する重要な方法を1つ紹介しておきましょう．それは，**同値関係**と呼ばれる元の間の関係を利用して，集合をその仲間たちに分ける方法です．

簡単な例として，自然数$\mathbb{N}$を偶数の集合Eと奇数の集合Oに分割する（$\mathbb{N} = E \sqcup O$），ということを考えましょう．これは偶数たちという仲間，奇数たちという仲間に自然数を分けたわけですが，言い換えれば，「2で割った余りが同じである」という関係を用いて，分割を作ったのです．

2と4は仲間であり，5と13は仲間です．これから，2や4の仲間たちである自然数の集合（偶数），5や13の仲間たちである集合（奇数）の2つの部分集合が導かれて，自然数がこの2つの部分集合に分割されたわけです．

この「仲間である」という元の間の性質を，分割が正しく導かれるように抽象化したものが同値関係です．その性質とは，ある集合Xの元xとyが「仲間である」ことを$x \sim y$と書くとき，

1. 任意の$x \in X$について，$x \sim x$であること（反射的），

2. 任意の$x, y \in X$について，$x \sim y$なら$y \sim x$であること（対称的），

3. 任意の$x, y, z \in X$について，$x \sim y$かつ$y \sim z$ならば$x \sim z$であること（推移的）

の3つです．これら反射的，対称的，推移的の性質を満たす関係のことを同値関係と呼び，$x \sim y$のことをxとyは「**同値である**」と言います．またxと同値な元すべてのなす部分集合をxの**同値類**と言います．

集合Xの元にこの同値関係があれば，Xを同値類たちに分割することができます．このことをもう少し詳しく確認してみましょう．この同値関係で元$a, b \in X$が同値であるときは$a \sim b$と書くのでしたが，同値でないときは$a \not\sim b$と書くことにします．さらに，次のように元$a \in X$の同値類をE_aと書きましょう．

$$E_a = \{x \in X : x \sim a\} \subset X.$$

同値関係で分割できるポイントは，$a \sim b$と$E_a = E_b$が同じであること，そして，$a \not\sim b$ならばE_aとE_bが非交差であること（$E_a \cap E_b = \emptyset$）です．これらが同値関係の性質で保証されていることを確認してください．

すると，Xの任意の元は，どれかの同値類に属していて（実際，明らかに$x \in E_x$），各同値類は非交差なのですから，Xは同値類

たちで分割されていなければなりません．つまり，同値類の全体を$\mathcal{E}$と書けば，

$$X = \bigsqcup_{E \in \mathcal{E}} E$$

と分割されているはずです．

さらに，各同値類から1つずつ元を選び出して（この元のことをその同値類の**代表元**と言います），これらのなす集合をIとすれば，このIを添え字集合とみなして，

$$X = \bigsqcup_{i \in I} E_i$$

と書くことができて便利です．

ちなみに，この「集合たちから1つずつ元を選んで新たな集合を作れる」ことは**選択公理**と呼ばれる集合の公理です．この要請はあまりにも当然に思えるでしょうし，実際，通常の数学においてはこの公理が仮定されていますが，本書ではのちにこれが重要なポイントになる箇所がありますので，心の隅にとめておいてください．

第3章

測り，測られることの数学的基礎2
— 実数と写像

3.1　測る「量」としての実数

3.1.1　実数の区間と無限大

長さや面積，体積を数学的にきちんと定義するには，その「基本的な図形」について考えるのが自然な第一手でしょう．その基本的な図形とは，1次元空間（直線）の中の線分や，2次元空間（平面）の中の長方形，3次元空間の中の直方体のことです．そしてこの後者の長方形などは，実数直線をx軸，y軸として2次元平面を作るように，1次元の線分をベースにして作れます．

よって，一番基本的な図形とは線分だということになります．数学的に言えば，実数全体$\mathbb{R}$の部分集合である**区間**です．同じ区間でも開区間や閉区間などがありましたね．

きちんと書けば，$a < b$を満たす実数a, bに対して，

$$(a,b) = \{x \in \mathbb{R} : a < x < b\}, \quad [a,b] = \{x \in \mathbb{R} : a \leq x \leq b\},$$

と書き，前者を開区間，後者を閉区間と言うのでした．

半分開いて半分閉じている「半開半閉区間」というものもあります．

$$(a,b] = \{x \in \mathbb{R} : a < x \leq b\}, \quad [a,b) = \{x \in \mathbb{R} : a \leq x < b\}.$$

また，左と右の片側しか条件がない場合にも，無限大の記号を

使って次のように区間の記法で表すことがあります．

$$(a,\infty)=\{x\in\mathbb{R}\,:\,a<x\},\quad(-\infty,b]=\{x\in\mathbb{R}\,:\,x\leq b\}.$$

正の無限大∞や負の無限大$-\infty$はあくまで記号であって，実数ではないので（$\infty,-\infty\notin\mathbb{R}$），記法の1つだと了解してください．これらも区間の仲間に入れるかどうかは文脈によります．

ついでに，ここで出てきた**無限大**∞についても少し注意しておきましょう．集合の濃度としての無限大（可算や非可算）とはまた別に，ここでの無限大∞は，どんな実数よりも大きな「数」という意味です．負の無限大$-\infty$は，どんな実数よりも小さな「数」です．「小さい」という形容詞は絶対値が小さい（0に近い）ような語感もありますので，より正確に言えば，$-\infty$はどんな負の実数より絶対値の大きな「負の数」です．

これら$\infty,-\infty$は実数ではないのに実数と大小が比較できて，しかも演算ができる場合もあります．例えば，$3+\infty=\infty$や$\infty+\infty=\infty$や$(-\infty)+(-\infty)=-\infty$はOKですが，$\infty-\infty$は定義されません．他には，のちに見るように写像や関数が実数の他に∞や$-\infty$の値もとる場合があります．

一方で，自然数や実数がいくらでも大きくなってゆく，という意味を表す記号である場合もあります．和集合の記号で使った$\bigcup_{i=1}^{\infty}$がそうですね．aが正の実数であるか，もしくは無限大である，ということを$0<a\leq\infty$と書くことがありますが，この書

き方などは数なのか記号なのか曖昧な記法でしょう.

このように無限大が数かどうかは微妙な問題で，そのため「数」と括弧づけしました．これを厳密に定義することもできますが，そもそも数とはなにか，という数学の基礎の問題に入り込んでしまいますし，色々な場合をきちんと説明していくとかなり面倒です.

我々はやや曖昧なまま，∞はどんな実数より大きな（しかし実数ではない）数であったり，どんな実数よりも限りなく大きくなっていくことを示す記号であったり，色々な場合がある，と理解しておきましょう.

最後に，本書では無限大の値をとる関数も対象にしたいので，その取扱について注意しておきます.

実数全体$\mathbb{R}$と正の無限大∞（「正の」を強調したいときには$+\infty$とも書く）と，負の無限大$-\infty$をあわせたものを$\overline{\mathbb{R}}$と書きます．つまり，

$$\overline{\mathbb{R}} = \mathbb{R} \sqcup \{+\infty\} \sqcup \{-\infty\}$$

です.

関数が$\overline{\mathbb{R}}$に値をとる以上は，$\infty, -\infty$と実数との間の演算を決めておく必要がありますが，読者のほぼ常識通りのはずなので，$\infty - \infty$や∞/∞のような定義されない場合があること，および，無限大と0の積が0になること（$\infty \times 0 = 0$）だけ気をつけてい

れば十分でしょう[注1].

3.1.2 実数の実感

「測る」という言葉は「数える」とは違って，その量が単位の倍数とは限らない，という含意がありますね．最近の体重計では「52.6kg」のようにデジタル表示されますが，昔は針が目盛を指して示したものです．今でも皆さんは，本当の体重は52.642⋯kgなのだが，体重計はこの桁までしか表示できないので「約52.6kg」と表示しているのだ，と考えているでしょう．

その背景には，体重はいくらでも細かくありうる量，すなわち実数だ，という「測る」ことへの認識があります．つまり「測る」ということを正確な数学にするには，実数について深く理解しなければなりません．

また，測られるものもある単位，例えばタイルやブロックの組み合わせだけではなく，いくらでも細かいどんな形でもありうる，つまり「連続な」広がりや大きさを持つものだという認識があります．この「連続」であるという性質についても理解を深める必要があります．

実数とはなにか，ということは，実は難しい問題です．実数が

注1　この後者の $\infty \times 0 = 0$ は通常，ルベーグ積分論では仮定するが，他分野では定義しないことも多い．

きちんと数学的に定義されたのは十九世紀の半ば以降のことだと聞けば，皆さんは驚かれるのではないでしょうか[注2]．しかし一方で，私たちは実数とはなにか大体のところわかっている，直観している，ということも事実です．

例えば，私たちは数の間に式(2.1) のような包含関係があることを知っていて，実数とは有理数を真部分集合として含み，有理数と無理数をあわせたものだ，と知っています．さらに，実数の間に大小関係があること，加減乗除の演算ができることも知っています．

また，実数全体$\mathbb{R}$が非可算集合であることを示した議論で用いたように，実数は小数点以下が無限に続くような小数の記法で表せることも知っています．そのうち特に有理数は，小数点以下有限個の桁で終わるか，どこかから繰り返しになる（循環小数）ということもご存知でしょう．

ゆえに，どんな無理数に対しても，それにいくらでも近い有理数があります．例えば，$\sqrt{2}$が無理数であることはご存知でしょうが，$\sqrt{2} = 1.41421356\cdots$ と小数点以下が無限に続く形で書けて，$1.4, 1.41, 1.414, 1.4142, 1.41421, \ldots$ というように，有理数でいくらでも近くに迫っていくことができます．

注2　デデキント（1831–1916）の「切断」の概念による実数の構成が始まりとされることが多いが，その少し前から同様の概念が熟してきていたようである．実数に関するデデキントの基本的文献として訳書 [2]，新訳 [3] がある．

また，左右に無限に延びた直線上の点と実数が1対1に対応していることも知っています．これを実数直線とか数直線とか言うのでした．

これだけ色々なことを「知っている」ので，実際上は，実数についての知識は十分であるとも言えます．その証拠に，このような知識をもとに私たちは高校数学で微分や積分などを学ぶことができたのですし，十九世紀以前の数学者たちも実数を厳密に定義することなく解析学を研究していました．

しかしながら，より高度な数学のために唯一足りないことは，有理数と実数の本当の違いの理解です．第2.1.3節で見たように有理数全体$\mathbb{Q}$は可算集合である一方，実数全体$\mathbb{R}$は非可算集合であるという根本的な違いがあり，その違いは無理数の集合に詰まっているのです．有理数でない実数を無理数と呼ぶ，と言っているだけでは説明になりません．

また別の表現をすれば，実数は直線上の点で表せるということの本当の意味の理解です．直線は点が集まったものですが，点がバラバラに集まったわけではなく，その点がぎっしりと一直線上に並んでべったりと延びています．

この性質こそが**実数の連続性**であり，これをきちんと論理的に数学の言葉にしないことには，より高度な数学，特に解析学を実数の概念の上に厳密に構築することができないのです．

私たちは厳密にこの性質を述べること，つまり実数を論理的に構成することはしませんが[注3]，この連続性を次の第3.1.3節のような形で認識しておきます．本書のレベルではこれで十分でしょう．

3.1.3 実数の連続性について

実数の連続性には色々な表現の仕方がありますが，直観的で便利なのは「有界な集合の上限/下限の存在」でしょう．まず，これらの言葉を用意しておく必要があります．

実数$\mathbb{R}$の部分集合Aが**上に有界**であるとは，Aのすべての元がある定数$R \in \mathbb{R}$以下であることです．そして，このRのことを**上界**と呼びます．また，この逆にAのどの元もある定数$R' \in \mathbb{R}$以上なら，**下に有界**であると言い，このR'のことを**下界**と言います[注4]．ちなみに，上にも下にも有界な集合のことを，単に**有界**と言います．

例を挙げれば，$A = [0, 1]$に対して1や5は上界ですし，$-\sqrt{2}$や-100.8は下界です．

また，Aの**最大値**とはAの元であって，Aのどの元よりも小さくない元のことです．これを$\max A$と書きます．つまりAの最

注3　興味のある読者は例えば，p.44 の脚注2に挙げたデデキント[2], [3] の他に，小平[6] の該当箇所を参照．後者は解析学のやや高度な入門書であるが，ほとんどの読者にはデデキントの原典より読みやすいだろう．

注4　数学用語の下界は「げかい」ではなく「かかい」と読む．

大値 $a^* = \max A$ は，任意の $a \in A$ について $a \leq a^*$ が成り立ちます．逆に，どの元よりも大きくない元があれば，それを**最小値**（記号は min）と呼びます．

最大値/最小値について注意すべきなのは，存在するとは限らないことです．もちろん，A が上や下に有界でなければ，いくらでも大きな（または小さな）A の元があるので，当然，最大値や最小値は存在しません．しかし，上（下）に有界であっても，最大値（最小値）は存在しない場合があります．

例えば，区間 $[0,1]$ に最大値は存在して，それはもちろん1です．しかし，区間 $[0,1) = \{x \in \mathbb{R} : 0 \leq x < 1\}$ に最大値はありません．なぜなら，この区間のどの元についてもそれより大きい元が存在するからです（例えば，どんな $x \in [0,1)$ に対しても $x < (x+1)/2 \in [0,1)$）．

問題は，1がこの区間に属していないことですが，1は $[0,1)$ の上，ギリギリのところにありますから，区間に属していないとは言え最大値のようなものですよね．このことをきちんと述べたものが上限です．

それには，A の上界の最小値を考えればよいのです．この値は A に属するかどうかはわかりませんし，最小値である以上は存在するかもわからないのですが，存在すれば A のすべての元を上から抑えられて，しかもそのようなもののうちで A に一番近いギリギリの実数です．これを A の**上限**と呼び，$\sup A$ と書きます．逆

に，Aの下界の最大値が存在すればそれをAの**下限**と呼び，記号では$\inf A$と書きます．つまり，

$$\sup A = \min \{x \in \mathbb{R} : 任意の a \in A について a \leq x\},$$

$$\inf A = \max \{x \in \mathbb{R} : 任意の a \in A について x \leq a\}.$$

以上，かなりくどく用語を準備しましたが，実数の連続性の1つの述べ方は，**「上に有界な部分集合に必ず上限が存在する」**ということになります．もちろん，上下を引っくり返して，「下に有界な部分集合に必ず下限が存在する」と言っても同じことです(すべての元に(-1)をかければよい)．

なお，上に有界でない集合の上限は$+\infty$，下に有界でない集合の下限は$-\infty$と考えることにすれば，有界の条件を外して「実数の集合には常に上限/下限が存在する」と言えて便利です．

上限/下限の存在は当たり前に見えますが，有理数$\mathbb{Q}$については成り立っていないことに注意してください．例えば，$D = \{q \in \mathbb{Q} : q^2 < 2\}$という部分集合$D \subset \mathbb{Q}$を考えましょう．この集合は上に有界ですが，最大値は存在しません．無理数$\sqrt{2} \in \mathbb{R}$にいくらでも近いDの元があるからです．そして，ここが面白いところですが，上限も存在しません．集合$\{q \in \mathbb{Q} : q^2 \geq 2, q > 0\}$に最小値がないからですね．

喩えて言えば，有理数は数直線上にびっしりとどこにでもある

ようですが，実はどこもかしこも隙間だらけで，そこにナイフを差し込めば，切り口がないように上下の集合に分けられてしまうのです．

しかし一方で，実数の部分集合 $D' = \{x \in \mathbb{R} : x^2 < 2\}$ を考えると，やはり最大値はありませんが（$\sqrt{2} \notin D'$），上限は存在してそれは $\sqrt{2} \in \mathbb{R}$ です．このように，上に有界ならば上からぴったり抑える天井になる数がある，ということが，実数が実数直線上にべったりと，隙間なく，連続に延びていることの数学的表現なのです．

実数の連続性の別の述べ方は，**有界な単調数列の収束**です．今，実数の列 $a_1, a_2, a_2, \ldots \in \mathbb{R}$ が $a_1 \leq a_2 \leq a_2 \leq \cdots$ を満たすとしましょう．このような数列を**単調増大列**と呼びます．しかも，これら $a_1, a_2, a_2, \ldots$ はどれもある実数 M 以下だとします（つまり任意の n について $a_n \leq M$）．これを，この数列は**上に有界**である，と言います．

これらの仮定のもと，**「上に有界な実数の単調増大列は実数に収束する」**というのが実数の連続性の1つの表現です．この数列を集合とみなせば上限の存在に他なりませんが，こちらの方が便利なこともあります．

収束の概念は高校で習いましたよね．しかし，「n が増大するにつれて a_n が α に限りなく近づくとき，これを

$$n \to \infty \text{ のとき } a_n \to \alpha, \quad \text{とか} \quad \lim_{n \to \infty} a_n = \alpha$$

などと書いて，数列$\{a_n\}_{n=0}^{\infty}$はαに**収束する**，または，αがその**極限**であると言う」，といった直観的な説明しかされなかったのではないでしょうか．この説明は嘘ではありませんし，ほとんどの場合はこの程度の理解でも問題ありません．しかし，やはり厳密な解析学の基盤には十分ではないでしょう．

この収束の概念は次のように論理的に述べられます．ここには「限りなく近づく」といった曖昧な表現がまったくなく，論理の言葉だけで表現されていることに注意してください．

> 任意の実数$\varepsilon > 0$に対してある自然数Nが存在し，
> 任意の$n > N$について$|a_n - \alpha| < \varepsilon$が成り立つ．

あえてこれに直観的，感覚的な意味を加えて説明するならば，「どんなに小さな誤差εを要求されても，番号nが十分に大きければ（つまり，εに応じて十分に大きな番号Nを選べば，その先のすべての番号nで），a_nとαの差はその誤差εよりも小さい」という心です．つまり，番号nを増やしていけば，いくらでもa_nをαに近づけることができるわけで，これが「限りなく近づく」の正確な意味です．

これで，私たちは実数の理解に欠けていた最後のピース「連続性」を埋めることができました．有理数はこの性質を持っておらず，有理数の列についてはその極限が有理数ではないような単調増大列がありえます．

無理数 $\sqrt{2}$ の近似列 $1.4, 1.41, 1.414, 1.4142, \ldots$ を考えたことを思い出してください．上に有界で単調増大するこの列の数はすべて有理数ですが，その行く先の極限である「2乗すると2になる数」は有理数ではありません．有理数全体 $\mathbb{Q}$ は極限の操作について閉じておらず，「隙間」だらけなのです．この「隙間」こそが無理数で，それらをすべて埋めたものが実数だ，というわけです．

収束や極限の概念を用いた議論ができるということが，実数 $\mathbb{R}$ の世界がもたらした自由であり，測度論を含め解析学はこの自由の上に成り立っています．そしてこの自由を根底で支え保証しているのが，有界集合の上限/下限の存在や，それと同等な命題で述べられる「実数の連続性」なのです．

3.1.4 上極限と下極限

微分積分学を厳密に学び始めると，極限に対して，**上極限** $\limsup$ と**下極限** $\liminf$ というものも習います[注5]．ルベーグ積分の理論もそうですが，高度な解析学ではこの概念を使いこなすことが求められます．本書ではほとんど使わないようにしましたが，他の教科書や講義で勉強する方のために，このちょっと高級

注5　上極限，下極限をそれぞれ順に $\overline{\lim}$, $\underline{\lim}$ と書く流儀もある．

なツールに簡単に触れておきます．これによって極限の理解もより深まるでしょう．

数列$\{a_n\}_{n\in\mathbb{N}}$の上極限と下極限は，上で導入したばかりの上限と下限を用いて，

$$\limsup_{n\to\infty} a_n = \inf\left\{\sup_{j\geq n} a_j\right\}, \quad \liminf_{n\to\infty} a_n = \sup\left\{\inf_{j\geq n} a_j\right\}$$

と簡単に書けます．

ここで，$\sup_{j\geq n} a_j$はn番目より先の値の上限，つまり，

$$b_n = \sup\{a_n, a_{n+1}, a_{n+2}, \ldots\}$$

を，sup記号の下に上限を考える範囲を書いて表したものです．

まず，実数の連続性より，（$+\infty$も値として許せば）b_nは必ず存在します．しかも，この数列$\{b_n\}$は，$b_1, b_2, \ldots$と進むと上限を考える集合が狭まっていくので，単調減少列です．よって，再び実数の連続性より下限が存在し，それが$\limsup a_n$です．下極限$\liminf$についても上下が逆になるだけで同様です．

この定義は記号では簡単に書けますが，上限と下限を二度使うのでちょっとわかりにくいですね．例えば，この$\{b_n\}$の下限がもしb_Nで最小値として達成されているとしましょう．そこから先のa_nにはb_Nより大きな値はないので，元の数列$\{a_n\}$のうち有限個だけがb_Nより大きく，無限個はそれ以下の値になります．

極限についてはそれを挟んだ上下のいくらでも小さな範囲に無

限個の値があって，その外には有限個しかないのでした．上極限と下極限はそれぞれ極限の下側だけ，上側だけ半分の概念になっているのです．

上の定義と同じことなのですが，極限のときと同じく「任意と存在」の論法で書く方がおそらくわかりやすいでしょう．すなわち，数列$\{a_n\}$について，

> $a^* < x$なる任意のxに対し，ある自然数Nが存在して，
> 任意の$n > N$について$a_n < x$が成り立つa^*が上極限．
> $x < a_*$なる任意のxに対し，ある自然数Nが存在して，
> 任意の$n > N$について$x < a_n$が成り立つa_*が下極限．

これらと極限を模式図に描けば，図3.1のような感じでしょうか．

図 3.1　数列の極限，上極限，下極限

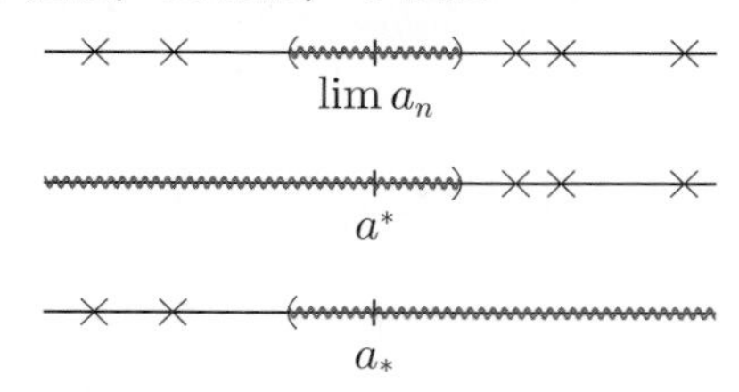

上極限，下極限が便利である最大の理由は，極限とは異なって，

上に書いたように実数の連続性から（有界でない場合に$\pm\infty$も値として認めれば）必ず存在することが保証されていることです．

また，数列$\{a_n\}, \{b_n\}$について，任意のnについて$a_n \leq b_n$なら，

$$\limsup_{n\to\infty} a_n \leq \limsup_{n\to\infty} b_n, \quad \liminf_{n\to\infty} a_n \leq \liminf_{n\to\infty} b_n$$

が成立しています．極限と違って，存在を気にせずにいつでも等式，不等式の両辺の上極限，下極限がとれるのです．

さらに，その決め方から常に，

$$\liminf_{n\to\infty} a_n \leq \limsup_{n\to\infty} a_n$$

が成り立っていますし，この両辺が一致する場合に極限が存在して，極限に一致します．

結局のところ，極限の議論が難しい理由の1つは，存在するかどうかわからないところから話を始めなければならないことです．無限大や負の無限大に向かっていく場合（これを**発散**と言う）は$+\infty$や$-\infty$に収束すると解釈するとしても，そのどちらでもない場合（これを**振動**と言う）が問題です．例えば，$(-1)^n$は$+1, -1$を交代し続けるので，振動してどこにも収束しません．

しかし，上極限，下極限を使えば存在を気にせず自由に議論でき，しかも半分ずつ議論することで極限そのものにも迫れるのです．ちょっと複雑でやっかいながらも，便利な道具になりうるこ

とがご理解いただけたでしょうか.

練習 3.1.1. $a_n = (-1)^n$ に対し,

$$\limsup_{n\to\infty} a_n = 1, \quad \liminf_{n\to\infty} a_n = -1$$

を確認せよ. $a_n = (-1)^n \left(1 + \frac{1}{n}\right)$ ならどうか.

3.2 写像

3.2.1 写像の基本

数学を作るもう1つの重要な概念が「写像」です. 実は写像自身も集合で定義できるので, 数学の材料は集合のみなのですが, その重要性からしても別に考える方が自然でしょう. ものの集まりという構造を記述する集合に対して, 写像は集合から集合への対応という働きを表現します.

一言で言えば**写像**とは, ある集合 A の各元とある集合 B の元との対応のことです. そして集合 A から B への写像 φ を

$$\varphi : A \to B$$

のように書きます.

これは写像 φ がどこからどこへの写像なのか, ということだけに注目した書き方で, A のことを**定義域**や始域と呼び, B の方は**終域**や値域と呼びます. 本書では「値域」という言葉は他の意

味のために確保しておきたいので,「定義域」と「終域」の組み合わせを使います.

関数という言葉はご存知ですよね.これは写像と同じ意味なのですが,写像が抽象的かつ一般的な語であるのに対して,対応が具体的でよくわかったものである場合に使うことが多いようです[注6].

写像がどの集合からどの集合への写像なのか,という他に,写像がどの元をどの元に写すのかに注目したいときもあります.この場合には,写像$\varphi : A \to B$が元$a \in A$を元$b \in B$に対応させていることを,

$$a \mapsto b \quad \text{とか} \quad b = \varphi(a)$$

などと書きます.これを「写像φによって$a \in A$が$b \in B$に写される」とか,「bはφによるaの値である」と言ったりもします.“$\to$”と“$\mapsto$”の記号の違いに注意してください.

これを次のように並べて書けばもっと違いがはっきりするでしょう.

注6　定義域と終域をきちんと定めた写像の概念による厳密化の以前に,変数にどういう操作をするかという「機能(function)」のみに注目して「関数(function)」と呼んでいた名残なのだが,今ではこの程度の使い分けのようである.

$$\begin{array}{rccc}\varphi: & A & \to & B \\ & A \ni a & \mapsto & b = \varphi(a) \in B\end{array}$$

この$b = \varphi(a)$の書き方は皆さんおなじみでしょう．例えば，「関数$y = f(x)$」などという書き方をご存知のはずです．この$f(x)$が例えば二次関数なら，実数$x \in \mathbb{R}$を実数$y = x^2 = f(x)$に写す写像$f : \mathbb{R} \to \mathbb{R}$なわけです．ついでに言えば，このように定義域と終域は同じ集合でもかまいません．

写像についてはこれだけのことですが，いくつか間違いやすい点を注意しておきましょう．まず，写像は定義域のすべての元について対応が決まっていなければなりません．しかし，その行き先の終域のすべての元について対応が決まっているとは限りません．

また，定義域の複数の元が終域の同じ元に写されてもかまいませんが，この逆に，定義域の1つの元が終域の複数の元に写されることはありません．つまり，行き先は常に1つです．

以上の注意を簡単な例で確認しておきましょう．定義域を集合$A = \{1, 2, 3, 4\}$，終域を集合$B = \{0, 1, 2\}$，写像φを

$$1 \mapsto 1, \quad 2 \mapsto 0, \quad 3 \mapsto 1, \quad 4 \mapsto 0,$$

で定めます．これを

$$\varphi(1) = 1, \quad \varphi(2) = 0, \quad \varphi(3) = 1, \quad \varphi(4) = 0,$$

と書いても同じことです．

まず，Aのすべての元$1, 2, 3, 4$について行き先のBの元が決まっています．しかし，Bの元2に写るAの元はありません．また，Aの元$1, 3$はどちらも同じ$1 \in B$に写っていますし，$2, 4 \in A$はどちらも同じ$0 \in B$に写っていますが，Aの1つの元が複数のBの元に写ることはありません．

もう1つ例を挙げましょう．上に書いた二次関数$f(x) = x^2$です．これは定義域$\mathbb{R}$の元を終域$\mathbb{R}$に写す写像です．どのように写すかと言えば，$x \in \mathbb{R}$を$x^2 \in \mathbb{R}$に写すのです（$x \mapsto x^2$）．例えば，$1 \mapsto 1^2 = 1$, $2 \mapsto 2^2 = 4$, $\sqrt{3} \mapsto \sqrt{3}^2 = 3$ などです．

この写像（関数）fは定義域$\mathbb{R}$のすべての元について行き先の実数が1つずつ決まっています．しかし，終域$\mathbb{R}$の負の実数に写されるような定義域の元はありません．また，定義域の元$-2, 2 \in \mathbb{R}$はどちらも終域の同じ元$4 = 2^2 = (-2)^2$に写りますが，定義域の1つの元が終域の複数の元に対応することはありません．

他にも数学の色々な概念がこの写像で表され，その性質を研究することがテーマになります．私たちがこれから研究していく測度，つまり長さや面積，体積のようなものの抽象概念は，「測られるもの（図形）として良い性質を持つものの集合を定義域として，非負の実数もしくは無限大∞を終域とし，測るものとして良い性質を持つような写像」ということになります．

3.2.2 簡単な写像の知識 ― 全射，単射，全単射，逆写像など

写像についての基礎知識を整理しておきましょう．

写像$\varphi : A \to B$は，定義域Aから終域Bへの写像であり，Aの1つ1つの元$a \in A$について，その写る先$\varphi(a) \in B$が定まっているのですが，A全体ではBのどれだけの範囲に写るのかに興味があることがあります．

上で注意したように，写像の終域の元のすべてが行き先になるとは限りません．極端な場合，Aのすべての元がBのたった1つの元に写されることもあれば，たまたまB全体になっていることもあるでしょう．こういった違いは写像の重要な性質です．

そこで，定義域Aのすべての元の行き先の集合（これはBの部分集合です）

$$\{\varphi(a) \in B \,:\, a \in A\} \subset B$$

をφの**値域**と呼びます．写像の終域のことを「値域」と呼ぶ流儀もあるのですが，本書ではこちらの意味のみで使います．記号では，写像φの値域のことを，$\mathrm{Im}(\varphi)$と書くことにしましょう．

値域が終域に一致する場合，つまり$\mathrm{Im}(\varphi) = B$である場合，この写像φは**全射**である，または，上への写像である，と言います．定義域のどの元も写ってこない無駄な元が終域にないのですから，写像として好ましい性質です．

写像についての注意点の第二は，定義域のいくつかの元が終域の同じ元に写る場合もありうることでした．これがたまたま，定義域の異なる元は常に終域の異なる元に写るのなら特に良い状況でしょう．このような写像を**単射**と言います．

きちんと言えば，任意の$a, a' \in A$について$a \neq a'$ならば$\varphi(a) \neq \varphi(a')$であるような写像が単射です．同じことを逆向きに言えば，$\varphi(a) = \varphi(a')$ならば必ず$a = a'$である写像ということです．

さらに，ある写像が全射である上に，単射でもあるという格別に良い性質を持つ場合，この写像は**全単射**である，または，1対1の写像であると言います．つまり全単射とは，定義域と終域の元がすべてぴったり1つずつペアになっている写像です．

写像$\varphi : A \to B$の逆向きの対応を考えるなら，当然，終域Bの元1つ1つについて，これは定義域Aのどこから写ってきたのか，ということも問題になるでしょう．つまり，「逆向きの写像」$\varphi' : B \to A$のようなものを考えたくなります．しかし，終域の元には定義域に対応する元がないこともあれば，複数の元が対応していることもあるので，このような写像は特別な場合にしか存在しません．

その特別な場合がφが全単射である場合です．このときには，定義域Aと終域Bの間に1対1の対応があるので，定義域と終域の役割を引っくり返すことができます．これを写像$\varphi : A \to B$

の**逆写像**と呼び，記号ではφ^{-1}と書きます．定義域と終域が逆になるので，$\varphi^{-1} : B \to A$ですね．

$$\varphi : A \ni a \mapsto b = \varphi(a) \in B,$$
$$\varphi^{-1} : B \ni b \mapsto a = \varphi^{-1}(b) \in A.$$

例を1つ挙げてみましょう．第2.1.2節で見た「自然数を2倍して偶数にする」という写像を考えます．つまり，写像$d : \mathbb{N} \to E$です．どんな偶数もある自然数の2倍なのでこの写像は全射ですし，異なる自然数は異なる偶数に写されるので単射です．

よって，dは全単射であって自然数全体と偶数全体は1対1に対応しています．ゆえに逆写像$d^{-1} : E \to \mathbb{N}$を考えることができて，それは「偶数を2分の1倍する」という写像です．

3.2.3　ちょっと高度な写像の知識 — 像と逆像，制限と拡張など

ここでは測度の研究に重要な役割を果たす，もうちょっと高度な写像の知識をまとめておきましょう．1つめは**像**と**逆像**の概念です．

値域は定義域全体の行き先の集合ですが，定義域Aの部分集合$X \subset A$の行き先だけを考えたいこともあります．これをφによるXの像と呼んで，$\varphi(X)$と書きます．

$$\varphi(X) = \{\varphi(x) \in B : x \in X\} \subset B.$$

特に，定義域Aの像$\varphi(A)$とは値域$\mathrm{Im}(\varphi)$に他なりませんが，値域は特に重要なので，特別な名前と記号を与えておくのです．

また，像の逆向きの概念として，終域Bの部分集合$Y \subset B$に対して，このBの元に写ってくるようなAの元たちを考えたいこともあります．そこで，φでYの元に写されるような定義域Aの部分集合を考えて，φによるYの**逆像**と呼び，記号では$\varphi^{-1}(Y)$と書きます．つまり，

$$\varphi^{-1}(Y) = \{a \in A : \varphi(a) \in Y\} \subset A$$

です．

終域全体の逆像$\varphi^{-1}(B)$は定義域Aそのものですし，同じ理由で値域の逆像$\varphi^{-1}(\mathrm{Im}(\varphi))$も$A$に一致します．また，終域が値域と一致するとは限らない以上，空集合でない$Y \subset B$に対して$\varphi^{-1}(Y)$が空集合になってしまう（Yの元に写される元がない）ことがありえることも注意しておきます．

像と逆像の例を挙げておきましょう．また，二次関数$f(x) = x^2$を考えます．$f : \mathbb{R} \to \mathbb{R}, x \mapsto x^2$という対応ですね．この写像（関数）$f$に対して，例えば区間$(-1, 1)$の像とは$-1$と$1$の間にある実数の2乗の集合なので，

$$f((-1,1)) = \{x^2 \in \mathbb{R} : -1 < x < 1\} = [0, 1)$$

ですし，区間$(-1,1)$の逆像は，2乗すると-1と1の間に入る実数の集合なので，

$$f^{-1}((-1,1)) = \{x \in \mathbb{R} : -1 < f(x) < 1\} = (-1,1)$$

ですね．

2つめのちょっと高度な概念は，写像の**拡張**と**制限**です．一言で言えば，元の定義域での値は変えずに定義域を広げたのが拡張，狭めたのが制限，というだけの簡単な概念です．

これを写像の記号を使ってきっちり書けば，集合A, A', Bと2つの写像$\varphi : A \to B,\ \psi : A' \to B$について，$A \subset A'$かつ，任意の$a \in A$について$\varphi(a) = \psi(a)$であるとき，$\psi$は$\varphi$の（$A'$への）拡張であると言います．また同じことを，$\varphi$は$\psi$の（$A$への）制限であると言います．

なお，「拡張」のことを「拡大」や「延長」，また「制限」のことを「縮小」と呼んだりと色々な流儀があります．写像の拡張と制限は非常に一般的な概念なので数学の色々な分野に顔を出すため，その分野特有の語感があるのでしょう．

また，上の定義でのψのAへの制限φを$\varphi = \psi|_A$のようにも書きます．この記法は「写像ψをA上だけに制限しました」ということが見てとれてしばしば便利です．

3.2.4　関数と連続性

写像に具体的な性格を与えたものは関数と呼ぶことがあるのでした．例えば，皆さんが高校数学で学習した二次関数x^2や三次関数x^3，三角関数$\sin x, \cos x, \tan x$，指数関数e^x，対数関数$\log x$などです．

上に挙げた関数はどれも，定義域のすべての点で連続である，すなわち連続関数である，という特別に良い性質を持っています．関数が連続であるとは，実数の連続性が実数直線がべったりとつながっていることを意味したのと同じように（3.1.3節），「グラフがつながっている」ことです．

逆に連続でない，つまり不連続な例を挙げた方がわかりやすいでしょう．例えば，ステップ関数とかヘヴィサイド関数（図3.2）と呼ばれる次の関数は$x = 0$のところで連続ではありません．もちろん，それ以外の場所ではどこでも連続です．

例 3.2.1（ヘヴィサイド関数）.

$$H(x) = \begin{cases} 0 & (x \leq 0\text{のとき}), \\ 1 & (x > 0\text{のとき}). \end{cases}$$

図 3.2　ヘヴィサイド関数

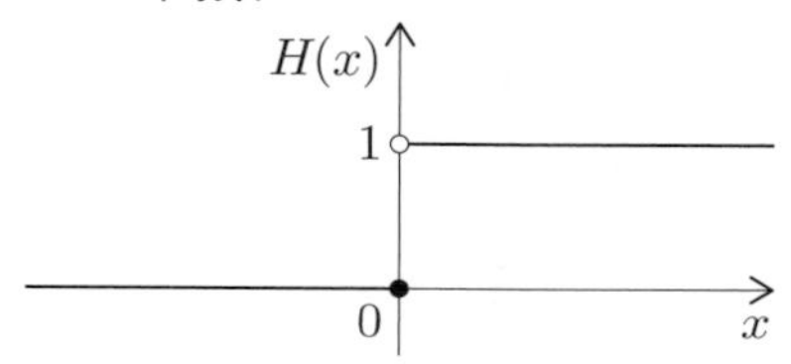

高校数学で出てくるのはせいぜい，このような不連続な点が複数ある程度なので，ある点で連続か不連続かということはまったく簡単で，不連続であることは人工的でわざとらしい不都合のように思えるかもしれません．

そのせいもあって，この関数の原点での不連続性を高校数学では（そしてルーズな方針をとった大学の微積分でも），$x \to 0$のとき$H(x)$の極限が定まらないことだ，と説明します．

つまり，左から（負の方向から）0に近づけたときにはHの値は0に近づくのに，右から（正の方向から）0に近づけたときにはHの値は1に近づくので，1つの値に定まりません．一方で，0以外の点aでは$x \to a$のとき確かに$H(x) \to H(a)$となるので連続だ，という調子です．

この説明はまったく正しいのですが，高校数学では$x \to a$や$H(x) \to H(a)$という極限の意味が厳密でないので，この連続性の説明も，グラフを見れば明らかなことを言葉にしたにすぎない印象も否めません．

しかしこれでは数学になりませんし，応用上も連続性を調べたいのは絵に描けないような場合なのですから，このような視覚的直観に基づいた説明では不十分でしょう．

例えば，ヘヴィサイド関数と同じく，ある集合上で0，他では1という簡単な関数ですが，次の例はどうでしょう（ちなみに，おそらくこの関数は「ルベーグ積分論」でもっとも重要な例で，今後も本書で何回も登場します）．

例 3.2.2（本書でもっとも大事な例）．有理数の上では1，無理数の上では0の値をとる次のような関数$I(x):\mathbb{R}\to\mathbb{R}$.

$$I(x)=\begin{cases}1 & (x\in\mathbb{Q}\text{のとき}),\\ 0 & (x\notin\mathbb{Q}\text{のとき}).\end{cases}$$

ヘヴィサイド関数と違って，この関数$I(x)$は絵に描けませんね．無理に描くなら，高さ0と1のところに霞か雲が浮かんでいる感じでしょうか．この関数では，$x\to a$と近づいていくとき$f(x)\to f(a)$でしょうか？

このような例には，もっと厳密に連続性を定義しておかないと手も足も出ません．そのためには，「$x\to a$なら$f(x)\to f(a)$」という説明を論理的にきっちり述べればよいのです．つまり，第3.1.3節ですでに見たいわゆる「ε-δ論法」を使うのです．

すなわち，関数$f(x):\mathbb{R}\to\mathbb{R}$が点$x=a$で連続であるとは，**「任意の$\varepsilon>0$に応じてある$\delta$が存在して，$|x-a|<\delta$ならば**

$|f(x) - f(a)| < \varepsilon$となること」です．

例3.2.2の関数は，点aでの値$I(a)$に対して誤差$\varepsilon = 1/2$を要求すると，どんなに小さくδを選んでも，$|x - a| < \delta$を満たすすべてのxについて$|I(x) - I(a)| < 1/2$にはできません．なぜなら，$I(a)$のいくらでも近くに，$I(x') = 0$となるx'と$I(x'') = 1$となるx''があるからです．よって，$I(x)$はどの点においても不連続です．

なお，関数の連続性の定義には，**「開集合の逆像が開集合であること」**という高級な言い換えがあります．おおざっぱに言えば，$\{x \in \mathbb{R} : |f(x) - f(a)| < \varepsilon\}$という逆像が開集合だから，$\{x \in \mathbb{R} : |x - a| < \delta\}$という集合をその内側にとれるということです．この定義は簡潔な上に非常に便利なのですが，「開集合とはなにか」という位相の問題に密接に関係しているので，本書では簡単な注意にとどめておきます．

閑話休題，高校数学や大学の微積分で出会う具体的な関数はほとんど連続ですし，理論的な部分でさえ，せいぜい不連続な点がちらほらあるだけのほぼ連続な関数しか扱わないでしょう．

しかし，連続性は極端に良い性質であって，ほとんどの関数はそうでないとも考えられます．例3.2.2の$I(x)$のようにすべての点で不連続だというような関数も，当然ながら立派な関数なのです．

測度論を基礎にしたルベーグ積分論では，このような関数にも堂々と市民権を与えて，私たちが関数に持っていたイメージを広げてくれます．その秘密は，上で簡単に注意した連続性における開集合たちの役割を，もっと自由な集合族に入れ替えることなのですが，このお話はルベーグ積分の章のお楽しみとしておきましょう．

第2部

具体から抽象へ
— カラテオドリの条件のパズルとルベーグ測度

基本図形で覆って測る：外測度の考え方

第4章

4.1 外測度の考え方

4.1.1 1次元にも複雑な図形がある

ここからはしばらく，複雑な図形の長さや面積や体積をどう測ればよいのか，という問題を扱います．特に，1次元の図形，つまり実数の部分集合 $A \subset \mathbb{R}$ の「長さ」をどう測るかに集中しましょう．

2次元や3次元の場合（$\mathbb{R}^2$ や $\mathbb{R}^3$ の部分集合）の面積や体積については，固有の難しさもあるのですが，基本的には長方形の面積が辺の長さの積として与えられるように，1次元の長さを基本にして同様に考えることができます．

しかし，1次元に長さがよくわからないほど複雑な図形なんてあるのか？とお思いの読者もいらっしゃることでしょう．そこで，複雑な例を挙げておきましょう．

まず，有理数は実数ですので，有理数全体 $\mathbb{Q}(\subset \mathbb{R})$ は確かに実数直線上の集合であり，1次元の図形です．この $\mathbb{Q}$ の「長さ」はいくらでしょうか．有理数は実数直線全体に広がっていますので，無限大のような気もします．

では，有限の範囲に限って，0以上1以下の有理数 $X = \mathbb{Q} \cap [0,1]$ の長さはいくらでしょう．一方，無理数の $Y = [0,1] \setminus \mathbb{Q}$ はどうでしょう．$[0,1]$ に属する実数は有理数か無理数のどちらかなのですから，Xの長さとYの長さを足すと1になるべきだと思えます．X, Yの長さはそれぞれ一体いくらなのか．0でしょうか？1でしょうか？　それとも1/2かも？

また，別の例を挙げましょう．**カントール集合**と呼ばれる有名な例です．カントール集合を作るには，区間$[0,1)$から出発します．まず，これを三等分して真ん中の区間$[\frac{1}{3}, \frac{2}{3})$を消します．これで残りは2つの区間$[0, \frac{1}{3}) \sqcup [\frac{2}{3}, 1)$になりました．

さらに，これらの区間それぞれを三等分して，また真ん中の区間を消します．これで残りは次の4つの区間になりました．

$$\left[0, \frac{1}{9}\right) \sqcup \left[\frac{2}{9}, \frac{1}{3}\right) \sqcup \left[\frac{2}{3}, \frac{7}{9}\right) \sqcup \left[\frac{8}{9}, 1\right).$$

さらに，この4つの区間のそれぞれを三等分して真ん中の区間を消します．残った8つの各区間をまた三等分して真ん中を消す．残った16個の各区間をまた三等分して真ん中を消す．これを無限に繰り返していった極限が，カントール集合です．

こうやって無限に三等分の真ん中を消していくと，全部なくなってしまいそうな気もしますよね．と言うのも，この操作を一回するたびに全体の長さは2/3倍に減っていくので，無限の彼方で$(2/3)^n \to 0$になりそうです．なにかあるにしても，無限の彼方で残っている図形は塵（ちり）か霞のように思えます．

しかし，一方で「三等分して真ん中を消す」でなにをしているのかをよくよく考えてみると，これは実数$x \in [0,1)$を三進法で

$$x = \frac{a_1}{3} + \frac{a_2}{3^2} + \frac{a_3}{3^3} + \cdots = \sum_{n=1}^{\infty} \frac{a_n}{3^n}$$

と展開したとき，各 a_n は $0, 1, 2$ のどれかですが，これが1になる数を消したことに他なりません．つまり，三進法で表現したとき "0" と "2" しか使わない実数は全部残っているわけです．

それに，この "0" と "2" を "0" と "1" に変換して，二進法の各桁だと思えば，$[0, 1)$ 区間に1対1対応してしまいます．この長さが0であってよいのでしょうか．

このように1次元の図形にも非常に複雑なもの，長さをどう考えるべきかよくわからないものがいくらでも存在するのです．

4.1.2　複雑な図形をどう測るべきか

では，1次元の図形，集合 $A \subset \mathbb{R}$ の長さを $|A|$ と書くことにして，これをどう測りましょうか．まず，長さを測る上で一番基本的な図形は線分，つまり区間でしょう．実数 $a < b$ に対し，閉区間 $[a, b] = \{x \in \mathbb{R} : a \leq x \leq b\}$ の長さは，

$$|\,[a, b]\,| = b - a$$

である，ということにはご異論ないと思います．

無限大 ∞ やマイナス無限大 $-\infty$ まで開いてしまった区間，例えば，$[0, \infty)$ や $(-\infty, \infty)$ の長さが無限大（∞），ということも納得できるでしょう．ついでに，特別な区間（空の区間）として，

空集合$\emptyset \subset \mathbb{R}$も考えると，その長さが$|\emptyset| = 0$ということもよろしいでしょう．

さらに，重なりのない有限個の閉区間についても，それぞれの長さの和で問題ないでしょう．つまり，$I_1, I_2, \ldots, I_N \subset \mathbb{R}$を共通部分のない閉区間として，

$$|I_1 \sqcup I_2 \sqcup \cdots \sqcup I_N| = |I_1| + |I_2| + \cdots + |I_N|$$

となります．これが無限個でも問題なさそうです．

以下本章では閉区間と空集合を「区間」と呼ぶことにしましょう．このような区間の長さを基本にして，以降では複雑な1次元集合の長さを考えていきます．そのアイデアは，**対象の図形を区間たちでギリギリに覆って，それら区間の長さの合計を図形の長さとする**ことです．

この考え方は，アルキメデスが放物線で囲われた図形を基本図形（三角形）で埋めていったように，内側からだんだんに目的の図形に迫っていく方法と，逆に外側から覆ってどんどん近づけていく方法の二通りに分けるのがよいでしょう．内と外を行ったり来たりするのはちょっと筋が悪そうですから．

では，内と外のどちらからいくか．私たちは外から攻めていくことにします．その主な理由は，色々な覆い方/埋め方の中で一番ギリギリなもの，という決め方をしたい以上，下側に0という「床」がある方が好ましいからです．

さて，これから1次元の図形を区間で覆っていくのですが，複雑な図形は有限個の区間でぴったり覆えるとは限りませんので，この覆い方はどんどん細かくなっていく（可算）無限個の区間を用いることになるでしょう．

今，ある集合 $A \subset \mathbb{R}$ が区間たち $I_1, I_2, \ldots$ の和集合で

$$A \subset \bigcup_{n=1}^{\infty} I_n$$

のように覆えるとします．無限個の和集合の形に書きましたが，空集合を無限個追加すればよいので，有限個の区間で覆う場合も含んでいます．

さて，このとき A の長さ $|A|$ は区間の長さの和より小さいはずです．

$$|A| \leq \sum_{n=1}^{\infty} |I_n|.$$

そして，この区間たち $\{I_n\}_{n \in \mathbb{N}}$ を適切にとれば，どんどん A の長さに迫っていけるでしょう．でも，単に上手にとれと言われても困りますね．そこで，**ありうるすべての覆い方の中で一番小さなもの**，という言い方をするのです．

つまり，A の長さを次のように決めます．ここまでは「長さ」を皆さんが知っている概念として曖昧に使ってきましたが，ここでどんな集合に対しても具体的に値を決めますから，$l^*(A)$ と書くことにしましょう．

$$l^*(A) = \inf\left\{x = \sum_{n=1}^{\infty} |I_n| \in \mathbb{R} \,:\, A \subset \bigcup_{n=1}^{\infty} I_n\right\}. \tag{4.1}$$

ここで右辺の集合はAを覆えるような区間の列$\{I_n\}$のすべての可能性について，その区間の長さの合計xの全体です．その下限ですから，$l^*(A)$は区間たちでギリギリ覆ったときの区間の長さの和です．この$l^*(A)$のことをAの**ルベーグ外測度**または単に**外測度**と呼びます．

このinfをとる右辺の中身は，区間の長さの和である以上は非負の実数か無限大なので，無限大（∞）もどんな実数よりも大きな数として実数に含めて考えれば$l^*(A)$は1つの値がちゃんと決まります（第3.1.3節の「下に有界な集合の下限の存在」！）．これで私たちは，どんな部分集合$A \subset \mathbb{R}$についても，つまりどんな1次元図形についても，外測度$l^*(A)$で「長さ」を定めることができました．

しかし，これで問題が解決したわけではありません．なぜなら，これが「長さ」だと決めるのは勝手ですが，私たちが「長さ」に期待している自然な性質を満たすのか不明だからです．今のところは，有力候補といったところでしょう．では，まずはこの外測度に慣れるために，次節で基本的な図形の外測度を求めてみます．特に重要なのは外測度が0の集合です．

4.1.3 「長さゼロ」とは？

まず，1つの実数aだけからなる集合$\{a\} \subset \mathbb{R}$から始めましょう．当然，長さゼロを期待しますよね．式(4.1)で計算すると，外測度$l^*(\{a\})$はどうなるでしょうか．

まずは，$\{a\}$を可算個の区間で覆ってみましょう．例えば，

$$\{a\} \subset [a-1, a+1] \cup \emptyset \cup \emptyset \cup \cdots$$

と当たり前に覆えます．この覆いの各区間長さの和は$(a+1)-(a-1)+0+0+\cdots=2$です．

外測度はすべての可能な覆い方についての下限ですから，少なくともこの特定の覆い方の長さの総和より大きくないはずです．ということは，$l^*(\{a\}) \leq 2$でなければなりません．

今は，幅2の区間で覆いましたが，相手は一点aだけなのですから，もっと狭い区間でも覆えます．例えば，$[a-1/2, a+1/2]$とか，$[a-1/100, a+1/100]$とか．いっそ，もっと一般的にどんな小さな$\varepsilon > 0$に対しても，

$$\{a\} \subset [a-\varepsilon, a+\varepsilon] \cup \emptyset \cup \emptyset \cup \cdots$$

のように区間で覆えるわけですから，上と同じ理由で$l^*(\{a\})$は2ε以下のはずです．

しかし，$\varepsilon > 0$は（0ではないものの）0にいくらでも近い数でありうるのですから，下限$l^*(\{a\})$は0でなくてはなりません．つ

まり，めでたく一点集合の外測度は$l^*(\{a\}) = 0$とわかりました．

また，有限個の点からなる集合$\{a_1, a_2, \ldots, a_N\}$の長さが0であることもよいでしょう．例えば，$\{1, 2, 3\}$は，任意の$\varepsilon > 0$に対して，

$$\{1, 2, 3\} \subset [1-\varepsilon, 1+\varepsilon] \cup [2-\varepsilon, 2+\varepsilon] \cup [3-\varepsilon, 3+\varepsilon]$$

なので，外測度は$2\varepsilon + 2\varepsilon + 2\varepsilon = 6\varepsilon$以下のはずで，それは0しかありえません．

ちょっと議論をかっこよくしようとするなら，最初から$\varepsilon/3$幅の区間で覆っておいて，外測度は$\varepsilon/3 + \varepsilon/3 + \varepsilon/3 = \varepsilon$以下，とする方がスマートです．ちなみに，こういう不等式評価をするとき，最後にεだけでびしっと抑える美学にこだわる数学者もいれば，なんの調整もしないで，最後が6εだろうが$\varepsilon^3 + 17\varepsilon$だろうがいくらでも0に近いのだからよいでしょう，と澄ました顔をしている人もいます（私はどちらかと言えば後者です）．

さて，次に無限個の点についてはどうでしょう．上のテクニックは無限個のときは使えないように見えますが，実は可算集合の場合は，次の巧妙なトリックで同じように0であることが示せます．

まず，$C \subset \mathbb{R}$を可算集合としましょう．可算なのですから$C = \{a_1, a_2, a_3, \ldots\}$のように各元に番号をつけることができます．そして，各a_nを$\varepsilon/2^n$幅の区間で覆うのが味噌です．つまり，

$$C \subset \left[a_1 - \frac{\varepsilon}{4}, a_1 + \frac{\varepsilon}{4}\right] \cup \left[a_2 - \frac{\varepsilon}{8}, a_2 + \frac{\varepsilon}{8}\right] \cup \left[a_3 - \frac{\varepsilon}{16}, a_3 + \frac{\varepsilon}{16}\right] \cup \cdots$$

ですから，Cの外測度は

$$\varepsilon\left(\frac{1}{2} + \frac{1}{4} + \frac{1}{8} + \cdots\right) = \varepsilon$$

以下ということになってしまいます！

よって$l^*(C) = 0$です．この議論は可算集合ならなんでも通用するので，例えば，有理数全体$\mathbb{Q}$も外測度は0です．これはちょっと驚きなのではないでしょうか．

以上より，正の外測度を持つには，少なくとも非可算集合でなければならないことがわかりました．しかし，非可算集合であっても外測度は0かもしれません．実際，私たちはもうその実例を知っているのです．

練習 4.1.1. カントール集合（4.1.1節）のルベーグ外測度が0であることを示せ．（ヒント：カントール集合を作る途中の各ステップはカントール集合を覆っている．）

なお，最後になりましたが，空集合$\emptyset$の外測度も0だということを注意しておきます．$\emptyset \subset \emptyset \cup \emptyset \cup \cdots$ と覆えるからです（この場合，「覆える」という言い方はちょっと変かもしれませんが……）．

4.1.4　区間 $[0, 1]$ の外測度は 1 か？

では具体的にどんな集合がどんな正の外測度を持つのか，これが次の問題です．ちょっと意地悪な質問を考えてみましょう．区間 $[0, 1]$ の外測度 $l^*([0, 1])$ は 1 でしょうか？

前節と同様に，

$$[0, 1] \subset [0, 1] \cup \emptyset \cup \emptyset \cdots$$

とぴったり覆えるじゃないか，と思われたかもしれませんが，外測度はすべての可能な覆い方の下限なのですから，この特定の覆い方から言えるのは，$l^*([0, 1]) \leq |[0, 1]| = 1$ だけです．あらゆる覆い方の中でこれこそが下限を与える方法だということを，きちんと示さなければならないのです．

余談ですが，解析学では等式"$=$"を導くために，両側の不等式"$\leq$"と"$\geq$"を示すのが常套手段で，**「解析学の等式とは2つの不等式のことだ」**というジョークがあるくらいです．

前節でも，一点の外測度が特別な覆い方の存在だけから計算できたように見えますが，外測度は0以上だとわかっていたから，$l^*(\{a\}) \leq \varepsilon$ より $l^*(\{a\}) \leq 0$ が言えて，$l^*(\{a\}) \geq 0$ とあわせて $l^*(\{a\}) = 0$ が導けたのです．

よって，今回もあとは反対側の不等式 $l^*([0, 1]) \geq 1$ さえ示せればよいわけです．しかし，ちょっと意外かもしれませんが，実はこれを示すのはかなり難しいのです．その難しさの最大の理由は，本質的に大定理を使う必要があることです．

その大定理とは，**「もし閉区間が無限個の開区間たちで覆えるなら，そのうちの有限個だけですでに覆えている」**（ハイネ-ボレルの被覆定理）です．これはコンパクト性と呼ばれる位相的な性質で，実数$\mathbb{R}$の深い性質と密接に関係しているため簡単には示せません[注1]．

ここではおおざっぱに，$l^*([0,1]) \geq 1$を示す道筋だけ紹介しておきましょう．

まず，この不等式を$\varepsilon > 0$だけゆるめて，

$$l^*([0,1]) + \varepsilon \geq 1$$

を示すことにします．もしこれが任意の（どんな小さな）$\varepsilon > 0$についても成り立つなら，$l^*([0,1]) \geq 1$ということに他なりません．

このε分の余裕があるので，外測度の定義式(4.1)より，次の不等式

$$l^*([0,1]) + \varepsilon \geq \sum_{n=1}^{\infty} |I_n|$$

を満たすような，$[0,1]$を覆う区間の列$\{I_n\}$があります．

注1　興味がある読者は吉田洋一[11]の第III章 第3節「Borel-Lebesgue の被覆定理」を参照．そこでは最低限の位相の知識と区間縮小法を用いた，比較的やさしい証明が与えられている．

ここで，この各閉区間を少しだけ（合計でε程度）ふくらませて開区間$\{J_n\}$にすれば，ハイネ-ボレルの定理を使って有限個の区間$J_1, \ldots, J_N$だけで覆える，

$$[0,1] \subset \bigcup_{n=1}^{N} J_n = \bigcup_{n=1}^{N} (a_n, b_n)$$

ということが最大のポイントです．

有限個の区間で覆えてしまえばこっちのもので，$m = \min\{a_1, \ldots, a_N\}, M = \max\{b_1, \ldots, b_N\}$とすると，$M - m > |[0,1]|$のはずですね．さらに，$J_1, \ldots, J_N$は重なりあっているので，$\sum_{n=1}^{N} |J_n| \geq M - m$でもあります．ゆえに，

$$l^*([0,1]) + \varepsilon + \varepsilon \geq \sum_{n=1}^{N} |J_n| \geq M - m > |[0,1]| = 1$$

が成り立ちます（左辺の2つのεのうち1つは，閉区間を開区間にふくらませた分です）．

ここで，左辺の$2\varepsilon > 0$はいくらでも小さな実数でありうるのですから，$l^*([0,1]) \geq 1$となり，$l^*([0,1]) \leq 1$とあわせて，等式$l^*([0,1]) = 1$が言えました．

かなり高級で難しい議論だったと思います．このように，外測度の定義は簡単そうに見えて，私たちが期待しているような自然な性質を持つことを示すのはなかなか難しいのです．

4.2 外測度の性質

4.2.1 他の種類の区間の外測度と単調性

「外測度は長さにふさわしい性質を持つのか？」という調査をもう少し続けましょう．例えば，閉区間$[a,b]$の外測度は$b-a$でしたが，開区間(a,b)や半開半閉区間$[a,b)$はどうでしょうか？これらは閉区間に対して端点を含むかどうかの差しかありませんし，一点の外測度は0なので，やはり同じく$b-a$であってほしいです．

この確認は前節と同じ議論になりますが，同じことを二度するのは無駄なので，異なるところだけチェックすれば十分です．それは，$\varepsilon>0$の余裕を与えたところです．開区間と半開半閉区間の場合で言えば，

$$l^*((a,b))+\varepsilon \geq b-a \quad と \quad l^*([a,b))+\varepsilon \geq b-a$$

ですね．これらさえ示せれば，あとの話は前節とまったく同じです．

そのためには，**「単調性」**と呼ばれる性質に注意しておくのが便利です．それは，図形Aが図形Bに含まれているならば図形Bの方が大きい，という，これまた私たちが「長さ」に自然に期待する性質です．外測度の性質として数式で書けば，

$$A \subset B \quad ならば \quad l^*(A) \leq l^*(B) \tag{4.2}$$

ですね．これは外測度の定義式(4.1) から簡単に確認できます．

なぜなら，もしBがある区間の列$\{I_n\}$で覆われていれば，当然ながら

$$A \subset B \subset \bigcup_{n=1}^{\infty} I_n$$

となって，Aも同じ$\{I_n\}$で覆われています．よって，Bの覆い方全体はAの覆い方全体に含まれているので，後者の下限は前者の下限以下です．

この単調性を使えば，閉区間の問題は簡単です．実際，$[a+\varepsilon/2, b-\varepsilon/2] \subset (a,b)$の包含関係の単調性から

$$l^*((a,b)) + \varepsilon \geq l^*\left(\left[a+\frac{\varepsilon}{2}, b-\frac{\varepsilon}{2}\right]\right) + \varepsilon$$

が成り立ち (不等式の両側に同じεを足しました)，閉区間の外測度は閉区間の長さ以上であることは前節ですでに示したので，さらに，

$$\geq \left(b-\frac{\varepsilon}{2}\right) - \left(a+\frac{\varepsilon}{2}\right) + \varepsilon = (b-a)$$

となって，目的の不等式が言えました．半開半閉区間についても同様に示すことができます．

このように外測度は，区間については私たちの直観に一致していますし，また，単調性という自然な性質も持っています．

4.2.2 平行移動不変性と加法性

区間の長さが持っている，ちょっと隠れた非常に良い性質は，「移動しても変わらない」ということです．今ある区間$[a,b]$を幅hだけずらして$[a+h,b+h]$にしても，その長さは$(b+h)-(a+h)=b-a$ですから変化しません．

これは当たり前のようですが，我々が区間に限らず1次元図形の長さに対して自然に期待している重要な性質です．これを**平行移動不変性**と呼びます．

では，任意の集合$A \subset \mathbb{R}$について外測度は平行移動不変でしょうか．つまり，集合Aを実数hだけずらした集合を$A+h=\{a+h : a \in A\}$と書くことにすると，

$$l^*(A) = l^*(A+h)$$

が成り立つでしょうか．

区間たち$\{I_n\}$がAを覆っていれば，$\{I_n+h\}$（これらも区間）が$A+h$を覆っていますから，外測度の定義式(4.1)に戻ってみれば，明らかにこの性質は成り立っていますね．また1つ，外測度に頼もしさが加わりました．

区間の長さが持つ，また別の当たり前の性質は**加法性**です．今，2つの区間IとJがあり，それらに共通部分がないなら，$|I \sqcup J| = |I| + |J|$が成り立ちます．2つの図形から1つの図形ができているとき，その長さは各部品の長さの和になる，これ

が加法性です.

また2個以上の有限個の区間の場合も,

$$|A_1 \sqcup A_2 \sqcup \cdots \sqcup A_N| = |A_1| + |A_2| + \cdots + |A_N|$$

ですし，それどころか可算個でも

$$|A_1 \sqcup A_2 \sqcup \cdots| = |A_1| + |A_2| + \cdots \quad \text{すなわち} \quad \left|\bigsqcup_{n=1}^{\infty} A_n\right| = \sum_{n=1}^{\infty} |A_n|$$

が成り立ちます.

この有限個の加法性のことを特に**有限加法性**，可算無限個の場合を**可算加法性**，または**完全加法性**や**σ-加法性**と呼びます.（それなら，いっそ非可算無限個の加法性があってもよいのではないか，と思うところですが，そこまで期待することには通常意味がありません．そもそも右辺の無限和に意味を持たせることが困難でしょう.）

区間の長さに関するこの性質は，こういった自然な性質が成り立つように区間たちの和集合の長さを決めたので，当たり前ではあります．それが可能なのは，区間が特別に良い性質を持つ集合だからです.

でも，どんな集合でも測ることができる外測度についてはどうでしょうか？　例えば，任意の互いに共通部分のない集合 $A_1, A_2, \cdots \subset \mathbb{R}$ について,

$$l^*\left(\bigsqcup_{n=1}^{\infty} A_n\right) = \sum_{n=1}^{\infty} l^*(A_n)$$

が成り立つのでしょうか？

実は，残念ながらルベーグ外測度l^*については加法性が成り立ちません．ここで反例を挙げるのは時期尚早ですが，問題は**外測度がどんな集合でも測れてしまう**ことなのです．直線上にも非常に奇妙な図形が存在して，測られる対象を制限しないことには加法性は保証されないのです．

しかし，外測度は加法性に近い性質は持っていて，これが測られる対象を調整する手がかりになります．それが次節で見る，「劣加法性」です．

4.2.3　劣加法性

加法性には「共通部分がないとき」という条件がついています．例えば，区間IとJに共通部分$K = I \cap J$があるかもしれないときは，もちろん等式は成立しなくて，言えることは高々不等式，

$$|I \cup J| \leq |I| + |J|$$

だけです．これが**劣加法性**と呼ばれる関係です．

このことは，加法性から

$$|I \cup J|$$

$$
\begin{aligned}
&= |(I \setminus K) \sqcup K \sqcup (J \setminus K)| \qquad \text{(交わりのない集合に分ける)} \\
&= |I \setminus K| + |K| + |J \setminus K| \qquad \text{(加法性)} \\
&\leq |I \setminus K| + |K| + |J \setminus K| + |K| \qquad \text{(}|K|\text{を余計に1つ追加)} \\
&= |(I \setminus K) \sqcup K| + |(J \setminus K) \sqcup K| = |I| + |J|
\end{aligned}
$$

のように導けますが，逆に劣加法性の不等式だけからは等式の加法性は導けませんから，劣加法性は加法性よりも弱い性質です．

実は外測度は可算加法性の性質は持たないものの，高々可算個の集合に対して劣加法性は持つのです．つまり，任意の $A_1, A_2, \cdots \subset \mathbb{R}$ に対して

$$
l^*\left(\bigcup_{n=1}^{\infty} A_n\right) \leq \sum_{n=1}^{\infty} l^*(A_n) \tag{4.3}
$$

が成立します．

まず，任意の2つの集合 $A, B \subset \mathbb{R}$ について劣加法性が成り立つことを確認してみましょう．また任意の $\varepsilon > 0$ の余裕を与えて，

$$
l^*(A \cup B) \leq l^*(A) + l^*(B) + \varepsilon \tag{4.4}
$$

を示すことにします．これが示せれば ε は任意ですから，いくらでも小さくすることができ，劣加法性が成り立っていることになります．

この ε のおかげで，次の不等式を満たすように，A, B それぞれ

を区間$\{I_n\}, \{J_n\}$で覆えます.

$$\sum_{n=1}^{\infty} |I_n| \leq l^*(A) + \frac{\varepsilon}{2} \quad \text{かつ} \quad \sum_{n=1}^{\infty} |J_n| \leq l^*(B) + \frac{\varepsilon}{2}.$$

よって,

$$\sum_{n=1}^{\infty} |I_n| + \sum_{n=1}^{\infty} |J_n| \leq l^*(A) + l^*(B) + \varepsilon$$

となります. 一方, 区間$\{I_n\}$と$\{J_n\}$をあわせれば$A \cup B$を覆っているはずですから,

$$l^*(A \cup B) \leq \sum_{n=1}^{\infty} |I_n| + \sum_{n=1}^{\infty} |J_n|$$

が成り立っていなければなりません. これら2つの不等式をあわせれば, 目標の(4.4)が言えました.

この不等式を繰り返し使えば, 有限個の集合でも成り立つことはわかりますが, これを無限に繰り返せば可算無限個の劣加法性(4.3)が成立するのも明らか, と言うのはやりすぎです.

実際, この場合の和集合はすでに可算無限個の和集合として与えられているので, 順番に集合を足していけば, という単純な言い訳は通用しません. とは言え, 2つのときに示したアイデアを使えば同様に示せます.

まず目標の不等式(4.3)に（任意の）$\varepsilon > 0$の余裕を与えて

$$l^*\left(\bigcup_{n=1}^{\infty} A_n\right) \leq \sum_{n=1}^{\infty} l^*(A_n) + \varepsilon$$

とし，上と同様にこのεの余裕を利用して，外測度プラスちょっぴりが区間長さの無限和以上であるという不等式を導きます．集合が2つのときもこの評価が味噌でした．

ただし今回は，集合$A_1, A_2, \ldots$それぞれの評価の可算無限和をとらなければいけない点が異なります．ここは，以前に可算無限個の点集合の外測度が0であることを示したときの，$\varepsilon/2^n$で抑えるトリックを使えばよいのです．

つまり，不等式

$$\sum_{j=1}^{\infty} |I_j^{(n)}| \leq l^*(A_n) + \frac{\varepsilon}{2^n}$$

を満たすように，各A_nを区間$\{I_j^{(n)}\}_{j=1}^{\infty}$で覆うのです（各$A_n$を覆う区間たちを区別するため，区間$\{I_j\}$の肩に$(n)$を上ツキで書きました）．

あと注意すべき点は，無限和が二重になるので（二重級数），その取扱がテクニカルになることですが，本質は上の評価で尽きています．

このようにルベーグ外測度l^*は高々可算個の集合について劣加法性を持ちます．整理すると，私たちはルベーグ外測度が次のような良い性質を持つことを確認しました．

1. 区間の外測度は区間の長さに等しい
2. 外測度は平行移動不変性を持つ

3. 外測度は単調性を持つ

4. 外測度は劣加法性を持つ

これらは私たちが「長さ」というものに期待している重要な性質であり，そのすべてをほぼカバーしていると言ってもよいのですが，加法性がないことだけが残念無念です.

長さが足し合わせられる，逆に長さを分けられるということは，私たちが長さに対して持っているもっとも重大な認識で，これがないと区間のようなよほど簡単なもの以外，長さを考えることができません.

さて，どうしたらよいのか，ということが次の問題です.

第5章

ルベーグ測度

5.1 カラテオドリの条件とルベーグ可測集合

5.1.1 加法性のパズル — カラテオドリの条件

1次元図形$A \subset \mathbb{R}$の「長さ」の測り方になることを期待して，私たちは次のようなルベーグ外測度l^*を考えました．

$$l^*(A) = \inf\left\{x = \sum_{n=1}^{\infty} |I_n| \,:\, A \subset \bigcup_{n \in \mathbb{N}} I_n\right\} \tag{5.1}$$

この式の意味は，複雑な図形を区間という基本図形たちでギリギリに覆えば，区間の長さの合計がその図形の長さだろう，という自然なアイデアです．

そして第4.2.3節の最後に確認したように，外測度は私たちの期待に添った良い性質を持ちますが，ただ1つ残念なのは，劣加法性までは言えるものの，加法性が保証されないことでした．加法性は私たちが「長さ」に期待する当然の性質なので，あきらめるわけにはいきません．

そこで，すべての図形を測ることをあきらめましょう，というのが最大のアイデアです．つまり，測る対象の範囲を狭めて，「加法性が成り立つような集合たち」だけを相手にするのです．そうすれば，その世界の中ではl^*が加法性を持つことになります．

しかし，「加法性が成り立つような集合たち」という言い方ではこの世界，つまり，$\mathbb{R}$の部分集合たちをきちんと決めたことにはなりません．「これこれの条件を満たす$E \subset \mathbb{R}$の集合（族）」，というように$\mathbb{R}$の部分集合に対する条件の形で述べる必要があります．

それには，なぜ加法性が成り立たないような事態が起こってしまうのか，その原因に注目すべきでしょう．区間たちでギリギリに覆うことによる測り方ではままならない，せいぜい劣加法性までしか言えない，ということがあるとしたら，その理由は，**2つの図形がものすごく複雑に無限に細かくからみあっている**ことでしょう．

例えば逆に，非常に都合の良い状態として，2つの図形が一定の距離だけ離れていれば，それぞれの覆い方で下限をとるのと，全体の覆い方で下限をとるのは同じことなので，当然，加法性が成立するはずです．とは言え，これでは状況が特別すぎますよね．

これを踏まえた上での答，それが次の**カラテオドリの条件**です．

カラテオドリの条件

集合$E \subset \mathbb{R}$がカラテオドリの条件を満たすとは，任意の$A \subset E$と$A' \subset E^c$について

$$l^*(A \sqcup A') = l^*(A) + l^*(A') \tag{5.2}$$

が成り立つこと．

（もちろん，l^* の劣加法性「左辺 $\leq$ 右辺」はいつでも成り立っているので，等号まで要請しなくても逆向きの“$\geq$”だけで十分です．）

つまり，E の内と外に切り分けた2つの集合についてはいつでも加法性が成り立つ，そんな集合 E です．これは一見，直接的に加法性を保証しているように見えますが，A, A' についての条件ではなく，そのような切り分け方を与える E についての条件であることに注意してください．にも関わらず，このような E たちは加法性を持ちます．

今，集合 $E, E' \subset \mathbb{R}$ が共通部分を持たず（$E \cap E' = \emptyset$），かつ，カラテオドリの条件を満たしているとしましょう．共通部分を持たないことより，$E' \subset E^c$ ですから，E がカラテオドリの条件を満たすことより，上式(5.2)で特に，$A = E$（$\subset E$），$A' = E'$（$\subset E^c$）と選べば，

$$l^*(E \sqcup E') = l^*(E) + l^*(E')$$

となるわけです．巧妙な言い換えですね．

さて，これで私たちは測られる対象を「カラテオドリの条件を満たす集合の全体」に限定するというアイデアに一歩踏み出しました．しかし，また新たな問題が現れてきます．まず，今は2つの集合の加法性しか調べていませんが，可算個で成り立つのか，

という問題です．実はこれは次の問題が解決されればついでに解決されます．

より重大な問題は，この「カラテオドリの条件を満たす集合の全体」（$\mathcal{E}$としましょう）が良い集合族かどうかです．私たちは，$l^* : 2^{\mathbb{R}} \to [0,\infty) \cup \{\infty\}$という関数の定義域を，$\mathbb{R}$の部分集合全体からなにか良い集合族$\mathcal{E} \subset 2^{\mathbb{R}}$に制限して，関数$l^*|_{\mathcal{E}} : \mathcal{E} \to [0,\infty) \cup \{\infty\}$としたいのです（関数の制限については第3.2.3節参照）．

この制限を簡単に$l = l^*|_{\mathcal{E}}$と書くことにすると，例えば，共通部分を持たない任意の$E, E' \in \mathcal{E}$について

$$l(E \sqcup E') = l(E) + l(E')$$

が成り立ってほしいわけですが，lの定義域が$\mathcal{E}$である以上，$E \sqcup E'$も$\mathcal{E}$の元でなければなりません．

このように，$\mathcal{E}$というプレイグラウンドでlと遊ぶには，$\mathcal{E}$の元の基本的な集合の操作がまた$\mathcal{E}$の元になっている，つまり，集合演算について「閉じて」いなければならないのです．

それに，この$\mathcal{E}$が狭すぎるとあまり役に立たないでしょう．私たちはすべての集合を測ることはあきらめたとは言え，できるだけ多くの集合は測りたいのです．カラテオドリの条件を満たす集合の集合族$\mathcal{E}$は十分に広いのでしょうか．これらが次の問題になります．

5.1.2　カラテオドリの条件のパズル：条件の言い換え

測度論の面白さの1つは，集合の簡単な計算だけですごいことが示せてしまうことではないでしょうか．その典型例は，カラテオドリの条件だけからルベーグ測度の世界が作り上げられてしまう部分だと私は思います．

その計算は簡単とは言え非常に巧妙なのですが，この巧妙さもパズル的でなかなか面白いものです．腕ならしとして，まず，カラテオドリの条件を便利な形に言い換えてみましょう．

カラテオドリの条件の別バージョン

集合 $E \subset \mathbb{R}$ がカラテオドリの条件を満たすとは，任意の $A \subset \mathbb{R}$ に対し

$$l^*(A) = l^*(A \cap E) + l^*(A \cap E^c) \tag{5.3}$$

となること．

（上の (5.2) と同様，実際要請されるのは“$\geq$”の不等式だけ．）

このバージョンも同じく E（と E^c）で切り分けた集合が加法性を満たすことを要請しています．しかし，集合 A について $l^*(A)$ を計算する形になっているのが便利で，次節以降ではこの形が活躍します．

では，この同値性を示しましょう．まず，$E \subset \mathbb{R}$ が，上の条件を満たすと仮定して，前節のカラテオドリの条件を導きます．

Eは任意の$A \subset \mathbb{R}$に対し上式(5.3) を満たすのですから，特にAとして$B \subset E$と$B' \subset E^c$を満たすB, B' の和集合$A = B \sqcup B'$を選んでもかまいません．すると，

$$l^*(B \sqcup B') = l^*((B \sqcup B') \cap E) + l^*((B \sqcup B') \cap E^c)$$

となりますが，$B \subset E$と$B' \subset E^c$のように切り分けられているので，$(B \sqcup B') \cap E$はBですし，$(B \sqcup B') \cap E^c$はB'に他なりません．よって，

$$l^*(B \sqcup B') = l^*(B) + l^*(B').$$

この式が$B \subset E$と$B' \subset E^c$ を満たす任意のB, B' について成立しているのですから，前節のカラテオドリの条件(5.2)が導けました．

次は逆向きに，前節のカラテオドリの条件(5.2)，つまり，任意の$A \subset E$と$A' \subset E^c$について$l^*(A \sqcup A') = l^*(A) + l^*(A')$ が成り立つことを仮定して，本節の別バージョンの条件を導きましょう．

このA, A'は$A \subset E, A' \subset E^c$さえ満たせばなんでもよいのですから，任意の$B \subset \mathbb{R}$について$A = B \cap E, A' = B \cap E^c$ とおいたものでも成立するはずです．よって，上式(5.2)より

$$l^*((B \cap E) \sqcup (B \cap E^c)) = l^*(B \cap E) + l^*(B \cap E^c)$$

となります.

しかし，この左辺の$(B \cap E) \sqcup (B \cap E^c)$ はBをE, E^cで切り分けてくっつけ直しただけですので，Bそのものです．ゆえに，任意のBについて

$$l^*(B) = l^*(B \cap E) + l^*(B \cap E^c)$$

となって，カラテオドリの条件の新バージョンが導けました.

この言い換えはほぼ当たり前ですが，きちんと示すのはなかなかトリッキーだったかもしれません．この議論の味噌は，「任意の〜について成り立つのだから，特に〜のときにも成立している」というロジックで自分に都合のよいものを選んでくることでした．この手段は次節以降も何度も出てくるでしょう.

5.1.3 パズル2：基本的な図形が条件を満たすこと

カラテオドリの条件について次の二通りの問題がありました.

1. 条件を満たす集合族が十分に豊かであるか
2. 条件を満たす集合族の中で自由に集合演算ができるか

これらは互いに結びついてもいます．基本的な図形が含まれていて，それらに自由に集合演算ができれば，私たちが考えたい様々な図形を含む豊かな世界ができるからですね.

ですから，1つめの条件は，「基本的な図形を含むか」という問

いになります．まず本節ではこの問題を解決しましょう．基本的な図形はカラテオドリの条件を満たすでしょうか．簡単なものから順番にやってみましょう．

まずは，空集合$\emptyset$です．$\emptyset$はカラテオドリの条件を満たすでしょうか．任意の$A \subset \emptyset$と$A' \subset \emptyset^c = \mathbb{R}$について条件(5.2)，

$$l^*(A \sqcup A') = l^*(A) + l^*(A')$$

を満たせばよいのですが，$A = \emptyset$しかありえないので，これは

$$l^*(\emptyset \sqcup A') = l^*(A') = l^*(\emptyset) + l^*(A')$$

という自明な式ですね．

もちろん，条件の別バージョン(5.3)をチェックしてもかまいません．この場合は，

$$l^*(A \cap \emptyset) + l^*(A \cap \mathbb{R}) = l^*(\emptyset) + l^*(A) = l^*(A)$$

となって，やはり自明ですね．またこの式を見れば，$\mathbb{R}$が条件を満たすことも同時にわかります．これで$\emptyset, \mathbb{R} \in \mathcal{E}$がわかりました．

次に簡単な図形と言えば，一点集合$\{a\}$でしょうね．示すべき条件は（別バージョンの方），任意のAについて，$a \in A$であるとき，

$$
\begin{aligned}
l^*(A) &= l^*(A \cap \{a\}) + l^*(A \cap \{a\}^c) \\
&= l^*(\{a\}) + l^*(A \setminus \{a\}) = l^*(A \setminus \{a\})
\end{aligned}
$$

ですが,“$\leq$”は外測度l^*の劣加法性より明らか,“$\geq$”はl^*の単調性(4.2)から成り立っているので,確かにこの条件が満たされています.$a \notin A$なら右辺は$l^*(\emptyset) + l^*(A)$なので自明にOKです.

次は有限個の点集合,と言うところですが,もっと欲張っても大丈夫です.上の一点集合のときの議論がすぐに外測度0の集合に適用できてしまうからです.したがって,有限個どころか可算個でも,それどころか外測度0なら非可算集合でも,カラテオドリの条件を満たします.

実際,$N \subset \mathbb{R}$について$l^*(N) = 0$であれば,任意の$A \subset \mathbb{R}$について$A \cap N$もNと同じ区間たちで覆えていることから$l^*(A \cap N) = 0$なので,

$$
l^*(A) \geq l^*(A \setminus N) = l^*(A \cap N) + l^*(A \cap N^c)
$$

となって同じ理屈です.うまいものですね.ちょっと手品みたいでしょう?

では,いよいよ区間について示しましょう.これも本質的に上と同じ議論ですが,話がすべて区間の長さに帰着するのが味噌です.

まず,任意の$A \subset \mathbb{R}$を閉区間たちI_nで覆っておきます

$(A \subset \bigcup_n I_n)$．すると，区間$E$に対して，

$$A \cap E \subset \left(\bigcup_{n=1}^{\infty} I_n\right) \cap E = \bigcup_{n=1}^{\infty} (I_n \cap E), \quad A \cap E^c \subset \bigcup_{n=1}^{\infty} (I_n \cap E^c)$$

ですから，この包含関係の単調性，l^*の劣加法性，および，区間の外測度は区間の長さに他ならないことを順に用いて，

$$\begin{aligned}
&l^*(A \cap E) + l^*(A \cap E^c) \\
&\leq l^*\left(\bigcup_{n=1}^{\infty} (I_n \cap E)\right) + l^*\left(\bigcup_{n=1}^{\infty} (I_n \cap E^c)\right) \\
&\leq \sum_{n=1}^{\infty} l^*(I_n \cap E) + \sum_{n=1}^{\infty} l^*(I_n \cap E^c) \\
&= \sum_{n=1}^{\infty} |I_n \cap E| + \sum_{n=1}^{\infty} |I_n \cap E^c| \\
&= \sum_{n=1}^{\infty} (|I_n \cap E| + |I_n \cap E^c|) = \sum_{n=1}^{\infty} |I_n|.
\end{aligned}$$

この最右辺で，Aのあらゆる覆い方で下限（inf）をとれば，

$$l^*(A \cap E) + l^*(A \cap E^c) \leq l^*(A)$$

となって，カラテオドリの条件が成立しました．

よって$\mathcal{E}$は外測度0の集合の他，あらゆる区間も含んでいますので，豊かな世界を作るのに必要な種は十分そうですね．

5.1.4 パズル3：集合演算が閉じていること

それでは，カラテオドリの条件を満たす集合の集合族$\mathcal{E}$が基本的な演算について閉じていることを見ましょう．

最初のパズルは，「$E \in \mathcal{E}$ならば$E^c \in \mathcal{E}$を示せ」です．つまり，ある集合がカラテオドリの条件を満たしていれば，その補集合もカラテオドリの条件を満たすことを示しましょう．

$E \in \mathcal{E}$より，任意の$A \subset \mathbb{R}$について，$l^*(A) = l^*(A \cap E) + l^*(A \cap E^c)$が成立しています．では，$E^c$の条件の右辺を計算してみると，

$$l^*(A \cap E^c) + l^*(A \cap (E^c)^c) = l^*(A \cap E^c) + l^*(A \cap E)$$

となって，Eについての条件と同じですから，$E^c \in \mathcal{E}$．簡単でしたね．

次は，「$E, F \in \mathcal{E}$のとき$E \cup F \in \mathcal{E}$を示せ」に挑戦しましょう．つまり，$\mathcal{E}$は和集合の操作について閉じているか．練習のため，かなり泥臭くやってみましょう．

示すべきことは，任意の$A \subset \mathbb{R}$について，

$$l^*(A) = l^*(A \cap (E \cup F)) + l^*(A \cap (E \cup F)^c) \tag{5.4}$$

$$= l^*(A \cap (E \cup F)) + l^*(A \cap E^c \cap F^c) \tag{5.5}$$

が成り立つことです（2つめの等号でド・モルガンの法則（練習2.2.2）を使いました）．劣加法性より“$\leq$”は成立しているので，

"$\geq$"だけ示せば十分なことに注意しておきます.

一方で，わかっていることはE, Fがカラテオドリの条件を満たすこと，つまり，任意の$A \subset \mathbb{R}$について

$$l^*(A) = l^*(A \cap E) + l^*(A \cap E^c), \quad l^*(A) = l^*(A \cap F) + l^*(A \cap F^c)$$

です．これらの式のAはなんでもよいので，なにか特別なものを持ってきて上の目標に近づけましょう.

そこで，2つめの式でAの代わりに$A \cap E^c$とします.

$$l^*(A \cap E^c) = l^*(A \cap E^c \cap F) + l^*(A \cap E^c \cap F^c).$$

1つめの式とこれを目標の式(5.5)に代入し，$l^*(A \cap E^c)$と$l^*(A \cap E^c \cap F^c)$を消去して適当に移項すれば,

$$l^*(A \cap E) + l^*(A \cap E^c \cap F) = l^*(A \cap (E \cup F))$$

となります．示すべきことは"$\geq$"であることを思い出しておきましょう.

ここでまた劣加法性を使うために左辺の2つの集合の和集合を計算してみると，集合の分配法則（練習2.2.1）より,

$$(A \cap E) \cup (A \cap E^c \cap F) = A \cap (E \cup (E^c \cap F))$$
$$= A \cap ((E \cup E^c) \cap (E \cup F))$$
$$= A \cap (\mathbb{R} \cap (E \cup F)) = A \cap (E \cup F)$$

なので，劣加法性より

$$l^*(A \cap E) + l^*(A \cap E^c \cap F) \geq l^*(A \cap (E \cup F))$$

が成り立っています．

実際，これが示すべき方向の不等式だったので，目標の等式 (5.5) が示せました．

これで，私たちは l^* の $\mathcal{E}$ への制限 $l = l^*|_{\mathcal{E}}$ を用いて，共通部分のない $E, F \in \mathcal{E}$ について

$$l(E \sqcup F) = l(E) + l(F)$$

と書いてよいことになりました（共通部分があってもなくても，$E, F \in \mathcal{E}$ なら $E \cup F \in \mathcal{E}$）．

おまけに，共通部分と差集合についてもカラテオドリの条件が保存されることがわかります．これは簡単なので練習問題としましょう．

練習 5.1.1（カラテオドリの条件と共通部分/差集合）．$E, F \in \mathcal{E}$ のとき，$E \cap F \in \mathcal{E}$ および $E \setminus F \in \mathcal{E}$ が成り立つことを示せ．（ヒント：和集合と補集合の操作について $\mathcal{E}$ が閉じていることを使うだけ）

5.1.5 パズル4：可算個の和集合が閉じていること

カラテオドリの条件を満たす集合族が基本的な集合演算について閉じていることはわかりましたが，私たちは可算個の演算についてもこれを期待したいのでした．なぜなら，図形を無限に細かい部分に分けて，それを寄せ集めることで面積を計算したいからですね．

第5.1.4節で確認したのは2個の集合の演算ですから，これを繰り返して有限回の演算について閉じている，ということまではよいのですが，可算無限個となると一仕事必要になります．

以下では簡単のため，互いに共通部分を持たない任意の $E_1, E_2, \cdots \in \mathcal{E}$ について $E = \bigsqcup E_j \in \mathcal{E}$ を示しましょう．集合たちに共通部分があるかもしれない一般の場合は，これまでにも何度か使った「共通部分がないように切り分ける」というテクニックを使えばこちらに帰着されます．

示したいことは任意の $A \subset \mathbb{R}$ について

$$l^*(A) \geq l^*(A \cap E) + l^*(A \cap E^c)$$

ですが，いきなり $E = \bigsqcup_{j=1}^{\infty} E_j$ と無限大までは示せないので，一部を有限個で切り落としてから無限大に飛ばすのが常套手段です．

ちょっと考えると，上を示す代わりに任意の $n \in \mathbb{N}$ について

$$l^*(A) \geq \sum_{j=1}^{n} l^*(A \cap E_j) + l^*(A \cap E^c) \tag{5.6}$$

を示せば十分であることがわかります.

なぜなら, $n \to \infty$ とすれば $\sum_{j=1}^{\infty} l^*(A \cap E_j)$ となり, これは劣加法性から $l^*(\bigsqcup_{j=1}^{\infty}(A \cap E_j)) = l^*(A \cap E)$ 以上なので,

$$l^*(A) \geq \sum_{j=1}^{\infty} l^*(A \cap E_j) + l^*(A \cap E^c) \geq l^*(A \cap E) + l^*(A \cap E^c) \tag{5.7}$$

となって E のカラテオドリの条件が得られるからです.

式(5.6) になってしまえば, あとは帰納法と簡単な計算です.

実際, $n = 1$ の場合は E_1 のカラテオドリの条件と単調性から, 成立することが容易に確認できます.

あとは $n = k$ のときに式(5.6)が成立していると仮定して $n = k + 1$ の場合を示せばよいわけですが, この $n = k$ の場合の式で任意の A を特に $A \cap E_{k+1}^c$ として, $E_{k+1} \in \mathcal{E}$ の関係式

$$l^*(A) \geq l^*(A \cap E_{k+1}) + l^*(A \cap E_{k+1}^c)$$

をあわせれば, 集合が2つのときと同様に簡単な計算で $n = k + 1$ の場合にも正しいことがわかります.

ちなみに, 上で使った関係式(5.7) の A を特に $E = \bigsqcup_{j=1}^{\infty} E_j$ とすれば,

$$l^* \left(\bigsqcup_{j=1}^{\infty} E_j \right) \geq \sum_{j=1}^{\infty} l^*(E_j) \geq l^* \left(\bigsqcup_{j=1}^{\infty} E_j \right)$$

なので左辺イコール右辺となって，行き掛けの駄賃として可算加法性も言えてしまいました．すなわち，$E_1, E_2, \cdots \in \mathcal{E}$ならば$\bigsqcup_{j=1}^{\infty} E_j \in \mathcal{E}$ であって，しかも次が成り立ちます．

$$l^* \left(\bigsqcup_{j=1}^{\infty} E_j \right) = \sum_{j=1}^{\infty} l^*(E_j).$$

5.2 ルベーグ測度

5.2.1 ルベーグ外測度からルベーグ測度へ

ここまでのストーリーをまとめてみましょう．私たちは1次元の図形，すなわち実数直線$\mathbb{R}$の部分集合Aの「長さ」を測りたいのでした．そのために，閉区間$I = [a, b]$の長さ$|I| = b - a$を基礎にして，測りたい集合Aを無限個の区間で覆ってその長さの和の**あらゆる覆い方の下限**を「長さ」とすればよいのではないか，というアイデアから始めることにしました．それがAの（ルベーグ）外測度$l^*(A)$です．

そして外測度l^*が，私たちが「長さ」に期待している良い性質を持っていることもわかりました．しかし，残念ながら外測度l^*は加法性を持たないらしいのでした．加法性とは，互いに共通部分を持たない有限個の集合$A_1, \ldots, A_n \subset \mathbb{R}$や，可算個の集合

$A_1, A_2, \cdots \subset \mathbb{R}$について，

$$l^*\left(\bigsqcup_{j=1}^{n} A_j\right) = \sum_{j=1}^{n} l^*(A_j) \quad や \quad l^*\left(\bigsqcup_{j=1}^{\infty} A_j\right) = \sum_{j=1}^{\infty} l^*(A_j)$$

が成り立つことであり，これが成立しないようなものは流石に「長さ」として受け入れられないでしょう．

有限加法性が必要なのはもちろんですが，複雑な図形を測るためには，図形を無限に細かく分けて寄せ集めることで長さや面積を計算する，という古代ギリシャ時代伝来の方法を使いたいので，可算加法性も欲しいところです．

加法性を持たない**らしい**と書いたのは，今のところ，加法性を持たないような集合の例を私たちは知らないからです（のちにこのような例を紹介します）．とは言え，上のように決めたl^*の性質からは加法性を導けそうにありません．

そこで私たちは，すべての部分集合を測ることはあきらめて，加法性が成り立つような部分集合たちだけを相手にしよう，というアイデアに進みました．それが，カラテオドリの条件を満たす集合Eの集まり$\mathcal{E}$です．

そして第5.1節では，カラテオドリの条件を満たす集合たちが，私たちが測りたい基本的な図形を含み，必要な集合演算について閉じていることを確認しました．よって，$\mathcal{E}$は測りたい対象の世界として，十分に広く，十分に便利なものとして満足できるよう

です．

これで私たちはまた一歩進めることができます．つまり，$\mathcal{E}$の元だけを相手にして外測度を使えばよいのです．これをかっこよく数学的に言えば，外測度l^*を$\mathcal{E}$上に制限する，ということですね（第3.2.3節の「写像の制限」を参照）．整理すると，

> ルベーグ外測度$l^* : 2^{\mathbb{R}} \to [0,\infty) \cup \{\infty\}$を$\mathcal{E}$上に制限した写像$l^*|_{\mathcal{E}} : \mathcal{E} \to [0,\infty) \cup \{\infty\}$のことを，**ルベーグ測度**と呼んで，$l = l^*|_{\mathcal{E}}$と書く．

さらに，$\mathcal{E}$の元をカラテオドリの条件を満たす集合と呼ぶのはやや面倒なので，ルベーグ測度で測れる集合という意味で，**ルベーグ可測集合**または単に可測集合と言います．この集合は（ルベーグ）可測である，のような言い方もします．

5.2.2　ルベーグ測度の性質

このルベーグ測度はルベーグ外測度を単に制限したものですから，当然ながら，その良い性質をほとんど引き継ぎます．

まず，「区間のルベーグ測度は区間の長さに等しい」．区間はカラテオドリの条件を満たします．つまりルベーグ可測ですので，ルベーグ測度で測ることができ，外測度で測ることに他なりませんから，確かにこれは正しいです．

次に，「ルベーグ測度は平行移動不変である」．区間を平行移動

しても区間ですし，区間の長さは変わらない以上，$\mathcal{E}$の元は平行移動しても$\mathcal{E}$の元ですから，これもOKです．

さらに，「ルベーグ測度は劣加法性と（可算）加法性を持つ」．劣加法性はもちろん正しいままです．また，定義域をルベーグ可測集合に制限したおかげで，共通部分を持たない集合たちについては（可算）加法性が成り立ちます．

「ルベーグ測度は単調性を持つ」もそのまま引き継ぎますが，これは加法性から確認することもできます．任意の可測集合$A \subset B$について，このBを$B = A \sqcup (B \setminus A)$のように共通部分を持たない集合に分けると，$B \setminus A$も可測なので，加法性より，

$$l(B) = l(A \sqcup (B \setminus A)) = l(A) + l(B \setminus A)$$

となって，$l(B \setminus A)$は少なくとも0以上ですから，$l(B) \geq l(A)$となって単調性が成り立ちます．

ここで気づくのは（これまで当たり前のこととしてあまり意識していませんでしたが），ものの「長さ」は0以上だ，ということも重要な性質ですね．そういえば，外測度が0の集合たちについて考えたときも（4.1.3節），この性質が議論を背後から支えてくれていました．

さらに，空集合の「長さ」は0である，という事実も目立たぬ重要ポイントです．もしこれが0でなかったら，どんな集合でも空集合を追加することでいくらでも長さが増えてしまいます．

これらのことはルベーグ外測度の決め方(4.1) によるのですが，これは私たちが「長さ」というものが当然持つ性質として期待しているからです．そして，この性質はもちろんルベーグ測度に受け継がれます．

ルベーグ測度lの性質をまとめておきましょう．

1. ルベーグ測度は0以上の実数もしくは無限大（$+\infty$）の値をとる．特に空集合のルベーグ測度は0.
2. 区間のルベーグ測度は区間の長さに等しい．すなわち，閉区間$[a,b]$について，

$$l([a,b]) = b - a. \tag{5.8}$$

   開区間や他の種類の有限の区間についても同様（無限の区間の測度は無限大）.
3. ルベーグ測度は平行移動不変，すなわち，任意の$E \in \mathcal{E}$と実数hについて，

$$l(E + h) = l(E). \tag{5.9}$$

4. ルベーグ測度は可算加法性を持つ．すなわち，互いに共通部分を持たない可測集合$E_1, E_2, \cdots \in \mathcal{E}$について，

$$l\left(\bigsqcup_{j=1}^{\infty} E_j\right) = \sum_{j=1}^{\infty} l(E_j). \tag{5.10}$$

劣加法性と単調性はどうしたのか，と思われるかもしれませんが，上で見たように単調性は測度の加法性と非負性から導かれますし，劣加法性も同じく「共通部分のない集合たちで書き直す」テクニックを用いれば加法性と非負性から導くことができます．したがって，大事な性質は上で尽されているのです．

5.2.3　外測度と測度の抽象化への道

私たちはルベーグ外測度から出発して，ルベーグ測度の概念へと至りました．これを建築物に喩えると，土台から順に上に向かって塔を建設してきたようなものですが，その過程において，一度足場を作ってしまうと，その下のことはもう気にしなくてよい，という事情が観察されました．

例えば，外測度が劣加法性を満たす，とわかってしまうと，もう外測度そのもののややこしい計算の仕方，つまり，「任意の$\varepsilon > 0$の余裕を与えてから，そこに収まるように無限個の区間で覆って……」といった面倒な議論は必要なく，その劣加法性だけを用いて言えることが色々あります．

また，ある数学的概念の性質から無駄なものを削ぎ落として，本当に必要なものだけを抽出すると，あとはその性質だけからすべてが出てくるはずだ，という考え方の一端も垣間見ました．例えば，有限個の集合の加法性は可算加法性から出ますし，ルベーグ測度の劣加法性や単調性は可算加法性から導けるので，エッセンスは可算加法性だ，とか．

こういった考え方は抽象化と呼ばれる方向ですね．では，ルベーグ外測度を抽象化するとどうなるのでしょう．つまり，なにがルベーグ外測度を外測度たらしめている，本質的な性質なのでしょう．その本質が抽出されたならば，逆に，これらの性質を満たすものが「外測度」である，と決めるわけです．この立場からすると，ルベーグ外測度は抽象的な外測度の1つの例，実例，具体例にすぎないということになります．

なにが外測度の本質かということは，どのような具体例までそこに含めようとしているか，という議論全体に関わるので，必ずしも1つに定まるものではありませんが，おそらく次が1つの答でしょう．

ある集合の上の「外測度」とは，その集合の部分集合全体を定義域，0以上の実数か無限大を終域とする関数で，空集合の値は0であり，単調性と劣加法性を持つもの

（ちなみに，この抽象化された外測度のことを**カラテオドリの外測度**と呼ぶこともあります．）ここで私たちが捨てたものに注意してください．それは，（空集合以外の）どのような集合が外測度0になるのか，区間の外測度がその長さに等しいこと，そして平行移動不変性です．

これらの性質はルベーグ外測度l^*の定義式そのものを使って計

算する必要があったことを思い出してください．つまり，この定義の仕方に依存した具体的な性質なのです．

次はルベーグ測度の抽象化ですが，その前にカラテオドリの条件を満たす集合の集合族の抽象化が必要です．カラテオドリの条件は具体的な条件ですが，この集合族自体が満たす良い性質を抽出するのです．つまり，

ある集合の部分集合の集合族で，空集合を含み，補集合と可算個の和集合の演算について閉じているもの

ということになるでしょう．これが「測られるもの」が満たすべき性質の抽象化です．これをとりあえず「良い集合族$\mathcal{E}$」と呼んでおき，ルベーグ測度をもっと抽象化すると，

良い集合族$\mathcal{E}$を定義域とし，0以上の実数か無限大を終域とする関数で，空集合の値は0であり，互いに共通部分を持たない集合については可算加法性を満たすもの

ということになるでしょうか．この抽象化では，ルベーグ外測度から引き継いだルベーグ測度の基本的な性質が捨てられてしまっています．例えば，区間の長さと一致することや，平行移動不変性です．

つまり，我々が区間の長さに期待していることは「長さ」の本質ではないだろう，と判断したわけです．それどころか，良い集

合族$\mathcal{E}$は「ある集合の部分集合の集合族」でよいのですから，実数直線上の図形を測るということからも解放されています．

長さに限らず面積や体積，あるいはもっと広く，「測る」ということ，そして「測られる」ということを徹底的に抽象化すれば，残るのはこれだけなのではないでしょうか．もちろん，さらに可算加法性を捨てて，有限個の集合についてしか加法性が成り立たないとか（有限加法性），そもそも劣加法性しか成り立たないという抽象化も考えられます（それが外測度です）．

もっと要請を捨てて，$\mathcal{E}$から実数への関数である，だけにしてもかまいませんが，そうすると抽象的すぎて，「測る」ことの本質が捉えられていませんし，そこから意味のあることが導けません．抽象化には，精一杯ギリギリのところまで抽象化しながら，抽象化しすぎない，という塩梅が必要なのです．

こうして私たちは，具体的に数直線上の長さを測るということから，「測る」こと，そして「測られること」を徹底的に抽象化した，「測度」の概念に到達しました．次章からは，測度という抽象的な定義から出発し，その性質を調べて具体化をする，という逆向きの道を辿るのですが，その前に1つ残った難しい問題を片付けておきます．

それは，測られる対象を本当に$\mathcal{E}$に制限する必要はあるのか，という問題です．すなわち，**ルベーグ可測でない集合は存在するのか？**

5.2.4 ルベーグ可測でない集合

それではいよいよ，ルベーグ測度がどうしても$\mathbb{R}$のすべての部分集合を測ることはできないことを示しましょう．本節では，もしルベーグ測度の満たすべき性質を持つようなものがあれば，矛盾を引き起こしてしまうような部分集合$A \subset \mathbb{R}$を実際に構成します．

ルベーグ測度の満たす性質とは，特に平行移動不変性と可算加法性です．前節で整理した抽象的な測度が持つ最小限の性質の上に，この2つを要求してしまうと，もはや測れないものが存在するのです．

ただし，このルベーグ測度で測れない集合Aは以下の作り方から想像されるように，相当に奇妙なもので，数学の根本に関わる微妙で不思議なことに関わっているのですが，それはまたあとでコメントすることにしましょう．

では，まず実数の間にちょっと変な関係を導入します．2つの実数$a, b \in \mathbb{R}$について，差$a - b$が有理数であるとき，$a \sim b$と書いて，aとbは同値である，と呼ぶことにします．例えば，5と2はその差が$5 - 2 = 3 \in \mathbb{Q}$なので同値ですし（$5 \sim 2$），有理数と有理数の差は有理数なので，有理数はみんな互いに同値です．

一方で，2と$\sqrt{2}$は$2 - \sqrt{2} \notin \mathbb{Q}$つまり無理数なので，同値ではありません．しかし，$2 + \sqrt{2}$と$\sqrt{2}$はどちらも無理数ですが，その差は有理数2なので同値です（$2 + \sqrt{2} \sim \sqrt{2}$）．

この関係"$\sim$"は第2.2.3節で見た同値関係になっていますので，$[0,1]$区間の実数をこの同値関係で分割することができます．つまり，

$$[0,1] = \bigsqcup_{r \in \Lambda} X_r$$

のように互いに共通部分を持たない部分集合たち$\{X_r\}_{r \in \Lambda}$の和集合で書けて，この各X_rではその元が互いに同値で，$r \neq r'$ならばX_rの元と$X_{r'}$の元は同値ではありません．

そして，この各X_rから1つずつ代表元を選んで，その集合をAとします．この代表元の選び方はなんでもかまいませんので，とにかく，このような集合Aが存在します．

実は，このAはルベーグ可測ではありません．これを背理法によって示しましょう．すなわち，Aがルベーグ可測であると仮定して矛盾を導きます．

$[0,1]$に含まれる元の差は-1以上1以下であることに注意して，$[-1,1]$に含まれる有理数$\mathbb{Q} \cap [-1,1]$を考えます．これは無限集合とは言え可算ですので，$\{q_1, q_2, \ldots\}$のように番号づけすることができます．

これらの有理数によってAを平行移動した集合を

$$A_n = A + q_n = \{a + q_n : a \in A\}, \quad (n = 1, 2, \ldots)$$

と書きます．平行移動不変性によって，A_nたちも可測であって，

しかもどのnについても$l(A_n) = l(A)$であることに注意してください．

これらA_nは互いに共通部分を持ちません．なぜなら，もし，$n \neq m$に対し$x \in A_n \cap A_m$となるxが存在すれば，$a, a' \in A$によって$x = a + q_n = a' + q_m$と書けているはずですが，$a - a' = q_m - q_n \in \mathbb{Q}$より，$a, a'$は同値になってしまい，各$X_r$から選んだ代表元であることに反します．

これらA_nの直和$B = \bigsqcup_{n=1}^{\infty} A_n$のルベーグ測度を測ることが味噌です．この測度は可算加法性と平行移動不変性より，

$$l\left(\bigsqcup_{n=1}^{\infty} A_n\right) = \sum_{n=1}^{\infty} l(A_n) = \sum_{n=1}^{\infty} l(A)$$

となって，$l(A)$を可算個集めたものになりますから，$l(A)$が0か否かに応じて，その値は0か$+\infty$のどちらかです．

しかし，$A \subset [0, 1]$と$q_n \in [-1, 1]$から$B \subset [-1, 2]$なので，単調性より，この値は$l([-1, 2]) = 3$以下でなければなりません．ということは，$l(B) = 0$のはずです．

ところが，$[0, 1] \subset B$なのです．なぜならAの定義から，各$x \in [0, 1]$について，$x \sim a$つまり$x - a \in \mathbb{Q}$となる$a \in A (\subset [0, 1])$が存在するはずで，$q = x - a$とおけば$q \in [-1, 1]$より$x = a + q \in A + q \subset B$だからです．

すると，再び単調性より$l(B)$は$l([0, 1]) = 1$以上ですから，$l(B)$の値は0にはなりえません．よって矛盾であって，ゆえに，

Aはルベーグ可測ではないことがわかりました.

以上でルベーグ可測でない部分集合が存在することがわかったのですが，上の議論には一箇所，微妙でありながらも重要な論点があります．それは，同値関係によって分割した$\{X_r\}_{r\in\Lambda}$の1つずつから代表元を選んで集合Aが作れる，という部分です.

このAがどんな集合であるかはさておき，存在すること自体にはなんの問題もないように思えます．実際，この存在は第2.2.3節でも述べた**選択公理**で保証されています.

数学は記号に関する約束の形で定めた論理と，集合とはなんであって，どのような操作が許されるかを明記した公理系（ツェルメロ-フレンケルの公理系，ZF系）を基礎にしていますが，それだけではやや弱いので，通常はこの選択公理を仮定します．このZF系プラス選択公理のことをZFC系と呼んで，ほとんどの数学者はこれを数学の公理系に採用して活動しています（常にはっきりそう意識しているわけではないでしょうが).

とは言え，選択公理は大変にもっともらしいものの，ZF系の公理ほどには自明ではありません．数学的な無限にはどこまでもレベルの高い無限の階層があることを思うと，どんな無限集合の無限集合族についても代表元を1つずつ選んだ集合が作れる，ということはそんなに明らかでしょうか.

また，直観に反するような奇妙な事実が選択公理から導かれてしまう例も多々知られています．例えば，もっとも有名なのは，「3次元球を有限個の図形に分割し，それを組み立て直すことで元の球と同じ大きさの球を2つ作れる」という**バナッハ-タルスキの逆理**でしょう．

もちろん，これは「逆理」とは呼ばれていても，選択公理を仮定する限りは数学的にまったく正しいのです．いくらでも倍々に体積を増やせてしまうように思えますが，この分割した図形は（3次元）ルベーグ可測ではないので，加法性が成り立たなくても問題はありません．

このような性質からして，選択公理を捨ててはどうか，捨てるまではしなくても弱めてはどうか，または，他の公理に入れ替えてはどうか，というアイデアが出てくるのは自然なことでしょう．そのような改変された数学においては，すべての集合がルベーグ可測かもしれません．

このような問題は，数理論理学や数学基礎論と呼ばれている分野で深遠な研究が進められています．私たちはこれ以上はこの問題に踏み込みませんが，ルベーグ可測性は数学の根っこにまで関わる微妙な問題と関係しているのだ，ということは強調しておきます．

第3部 抽象から具体へ
― 測り測られることの本質を抜き出す

第6章 定義で始める測度論

前章までは，自然な長さ（ルベーグ測度）をどう測るか，という問題から出発して，それをどう抽象化するか，という方向に議論を進めました．

ここからはその逆に，測度をまず抽象的に定義として与えて，その定義からどのようなことが導かれるか，また，どのようなものがその抽象的定義の具体例になるのか，という順序で測度論にアプローチします．

この抽象的定義から始める方法はいわゆる天下り式であり，すでにすべてを知っている立場で整理されたものと言えなくもありません．しかし実際のところ，数学は具体から抽象へ，抽象から具体へ，という2つの方向が互いに刺激しあいながら，試行錯誤によって進展していくものです．

とは言え数学者にとって，特に学習の段階においては，定義から始め，その定義だけを使って順に定理を導いていく，という方向は，いかにも数学的で自然で論理的で好ましい，と感じられるものです．数学の標準的な記述が定義，定理，証明の繰り返しなのはそれが理由でしょう．

6.1　測られるものたち（σ-加法族）と測るもの（測度）の定義

6.1.1　σ-加法族の定義

前章までで私たちは，長さや面積，体積というものを数学的に正しく定義するには，測るものだけではなくて，測られるものたちの構造をきちんとつかまねばならない，という教訓を得ました．

そこで，次の定義から始めます．いきなりでとまどわれるかもしれませんが，「測るもの」より先に「測られるもの」を定義しておくのだ，というくらいに思っておけばよいでしょう．測る対象がないと，測るものは定義しにくいですからね．また，そういったことはすべて忘れ，イメージもすべて捨てて，とにかくこういう定義をしてしまうのだ，と思ってもかまいません．

定義 6.1.1（σ-加法族）．ある空でない集合 S に対して，その部分集合の集合族 $\mathcal{M}$ が次の3つの条件を満たすとき，$\mathcal{M}$ は（S 上の）**σ-加法族**であると言う．

1. $\emptyset \in \mathcal{M}$.
2. $A \in \mathcal{M}$ ならば $A^c \in \mathcal{M}$.
3. $A_1, A_2, \cdots \in \mathcal{M}$ ならば

$$\bigcup_{n=1}^{\infty} A_n = A_1 \cup A_2 \cup \cdots \in \mathcal{M}. \tag{6.1}$$

この定義で特に注意すべきところは，条件3です．$A_1, A_2, \ldots$ というさりげない書き方ではありますが，これはこれらが無限ではあっても**可算**であることを示しています．有限でも一般の無限でもなく，可算無限について成り立つ，という要請の重要性は，のちのちわかってくるでしょう．

私たちがすでに慣れている，数学者流のかっこいい言い方をすれば，後半の条件2と3は「補集合をとる操作と可算個の和集合をとる操作について閉じている」と簡潔に述べられることも注意しておきます．

関連して，もう少し用語を導入しておきましょう．

上の定義で，σ-加法族$\mathcal{M}$の元を**$\mathcal{M}$-可測集合**，もしくは**$\mathcal{M}$-可測**である，などと言います（σ-加法族$\mathcal{M}$が了解されている場合には単に，**可測集合**，**可測である**，などと省略します）．「(Sの部分集合のうち）測ることが可能なもの」という気分ですね．さらに，$(S, \mathcal{M})$の対を**可測空間**と呼びます．こちらは「測れることが説明されている空間」という感じです．

なお，σ-加法族を，完全加法族，可算加法族，σ-集合代数，σ-集合体などと呼ぶ流儀もありますのでご注意ください．

6.1.2　測度の定義

σ-加法族の次は測度を定義しましょう．おおまかに言えば，測度とは可測集合に対してその値を定める関数で，「測ること」にふさわしい良い性質を持つものです．

定義 6.1.2（測度）．可測空間 $(S, \mathcal{M})$ に対し，$\mathcal{M}$ から $\overline{\mathbb{R}}$ への関数 μ が次の3つの条件を満たすとき，μ を（$(S, \mathcal{M})$ 上の）**測度**と言う．

1. 任意の $A \in \mathcal{M}$ に対し $\mu(A)$ は0以上の実数か，無限大．
2. $\mu(\emptyset) = 0$．
3. 互いに共通部分を持たない任意の可測集合 $A_1, A_2, \cdots \in \mathcal{M}$ について，

$$\mu\left(\bigsqcup_{n=1}^{\infty} A_n\right) = \sum_{n=1}^{\infty} \mu(A_n). \tag{6.2}$$

定義のそれぞれの条件について少し注意を述べておきます．まず，条件1にあるように，測度は無限大の値をとってもかまいません．

第二に，条件2は空集合の値が0であることを要請していますが，この逆に、測度の値が0だからと言って空集合であるとは限りません．つまり，$A \in \mathcal{M}$ が $A \neq \emptyset$ なのに $\mu(A) = 0$ ということもありえます．ちなみに，このような測度0の可測集合のことを **μ-零集合**または単に**零集合**と呼びます．

このように，数学の定義というものは，そこで述べられていることだけがすべてで，自分で勝手に条件を付け加えてはいけません．定義に述べられていないことは，論理的に正しくさえあれば許されているのです．

第三に，条件3では，σ-加法族の定義6.1.1の条件3とは異なり，「互いに共通部分を持たない」という仮定が加わっていることに注意してください．

σ-加法族のときと同様，若干の用語を導入しておきましょう．この測度の定義より，測度μが定義された可測空間$(S, \mathcal{M})$のことを**測度空間**と言い，3つ組$(S, \mathcal{M}, \mu)$で表します．また，可測集合$A \in \mathcal{M}$に対する測度の値$\mu(A)$のことを，（μによる）***A*の測度**と呼ぶこともあります．

条件3で要請される関係式(6.2)がこの定義の肝と言ってもよい部分ですが，この性質を**可算加法性**，またはσ-加法性，完全加法性などと呼びます．

なお，上の定義の中で注意したように，測度は一般には$+\infty$の値をとることも可能ですが，もちろんとらなくてもかまいません．常に測度が有限であるような測度空間は性質が良いので，次のように名前をつけておきます．ついでに，それよりは弱い性質ですが，ある種の有限性も定義しておきます．

定義 6.1.3 (有限測度とσ-有限測度). 測度空間$(S, \mathcal{M}, \mu)$について, 任意の$A \in \mathcal{M}$に対し常に$\mu(A) < \infty$であるとき[注1], 測度μは**有限測度**である, または, この測度空間は**有限測度空間**である, と言う.

また, それぞれの測度が有限であるような可測集合$A_1, A_2, \cdots \in \mathcal{M}$, $(\mu(A_j) < \infty, j = 1, 2, \ldots)$ で, $S = \bigcup_{j=1}^{\infty} A_j$と書けるようなものがあるとき, μは **σ-有限な測度**であると言い, $(S, \mathcal{M}, \mu)$は **σ-有限な測度空間**であると言う.

実際, 数学者が考えたい測度空間は, ほとんどの場合は有限かσ-有限です. σ-有限ですらない測度空間はかなりたちが悪く, 当然成り立ってほしいような性質が成り立たないことも事実ですが, 抽象的な測度空間の定義にはこのようなものも含まれています.

6.2 σ-加法族の簡単な例

6.2.1 有限集合上のσ-加法族

以上でσ-加法族と測度が定義されました. これこれの条件を満たすものをこれこれと言う, と宣言するのは勝手ですが, それだけではもちろん数学になりません.

注1 のちに示す測度の単調性 (定理7.2.2) より, 実は$\mu(S) < \infty$を課すだけでよい.

まず第一に，このように定義されたものがそもそも存在するのか，存在はしても，論理的な操作をする上で適切な「良い定義」になっているのか．これを数学者の方言で，**“well-definedness”の問題**と言います．この例はあとで繰り返し出てきます．

第二に，存在したとしてもそれらは十分に豊かな数学を生み出してくれるのか．第一の問題は単なる論理的なチェックでしたが，こちらは豊富に例があるか，それが数学的に面白い性質を持つのか，さらには応用上の価値を持つのかなど，幅広い意味があり，なかなか一筋縄ではいきません．

本節ではまずσ-加法族の例を色々と考えてみることで，定義のもっともらしさを実感してみます．

数学の本で抽象的な定義を与えられたら，どんな例があるのだろう，と考えることが大事です．それも，できるだけ簡単なものから始めて，だんだんと複雑な例へ進んでいくのがよいでしょう．そのコツとしては，自分がよく知っていて，具体的に調べられるものを利用するのが一番です．

例えば，有限集合のことは誰でもよくわかっているでしょうし，さらに具体的に有限集合を1つ固定してしまえば，実際に「自分の手を動かして」すべて調べ尽すことができます．

では，Sが有限集合の場合に，このSを1つ固定して，そのσ-加法族を色々作ってみましょう．一般に，有限集合はその元の個数を$N \in \mathbb{N}$として$\{a_1, a_2, \ldots, a_N\}$と表せますが，より具体的な方がわかりやすいでしょうから，$N = 4$と決めてしまって$\{a_1, a_2, a_3, a_4\}$，むしろいっそ，$\{1, 2, 3, 4\}$としましょう．

この部分集合をどう選べばσ-加法族になるでしょうか．おそらく最初に思いつくのは，部分集合を全部採用することでしょう．

例 6.2.1 （有限集合の部分集合すべてのσ-加法族）．集合$S = \{1, 2, 3, 4\}$の部分集合すべての集合

$$
\begin{aligned}
\mathcal{M}_M = \{\, & \emptyset, \{1\}, \{2\}, \{3\}, \{4\}, \\
& \{1,2\}, \{1,3\}, \{1,4\}, \{2,3\}, \{2,4\}, \{3,4\}, \\
& \{1,2,3\}, \{1,2,4\}, \{1,3,4\}, \{2,3,4\}, \{1,2,3,4\} \,\}
\end{aligned}
$$

はS上のσ-加法族で，すなわち$(S, \mathcal{M}_M)$は可測空間である．

けっこう面倒ですが，省略ぬきに全部並べました．Sの部分集合の全体を2^Sと書くのでしたが，あえて別の記号で$\mathcal{M}_M$と書いておきます．

ちなみに，σ-加法族は部分集合の集合，つまり，その元はSの部分集合であることに気をつけてください．例えば，“$\{1\}$”はSの部分集合なので（$\{1\} \subset S$），Sのσ-加法族の元になりえますが，“1”自身はSの元なので（$1 \in S$），Sのσ-加法族の元になれません．

この$\mathcal{M}_M$はSの部分集合をすべて持っているのですから，わざわざ定義の条件をチェックするまでもなく，$\mathcal{M}_M$のどの元の

補集合をとろうが，どう和集合を作ろうが，その結果は$\mathcal{M}_M$の元に決まっています．

では，（この同じSに対して）他にσ-加法族はあるでしょうか．まず，σ-加法族は空集合$\emptyset$を持たねばならないのでした（定義6.1.1の条件1）．さらに，その補集合も持たねばならないので（条件2），$\emptyset^c = S$も元に持ちます．

他にはどんなSの部分集合が必要でしょう．ちょっとトリッキーですが，少し考えると，実はこれだけでσ-加法族になっていることがわかります．

例 6.2.2（有限集合の空集合と全体集合だけのσ-加法族）．集合$S = \{1, 2, 3, 4\}$の部分集合の集合$\mathcal{M}_0$を

$$\mathcal{M}_0 = \{\emptyset, S\} = \{\,\{\}, \{1, 2, 3, 4\}\,\}$$

で定めると，$\mathcal{M}_0$はS上のσ-加法族で，すなわち$(S, \mathcal{M}_0)$は可測空間．

実際，あと確認しなければならないのは条件3だけですが，可測集合すなわち$\mathcal{M}_0$の元は$\emptyset$とSの2つしかないので，これらの（可算個の）無限列と言っても，この2つを勝手な順序で繰り返した$\emptyset, \emptyset, S, \emptyset, \ldots$ のような列しか考えられません．そして，列のすべてが$\emptyset$のときの和集合は$\emptyset$，列の中に1つでもSがあるときの和集合はSですから，いずれにせよ結果は$\mathcal{M}_0$の元です．

これで私たちは同じS上のσ-加法族として，$\mathcal{M}_M$と$\mathcal{M}_0$を手に入れました．他にはどんなものがあるでしょう．簡単なものから考えていく方針で，もし$\emptyset$でもS自身でもない$A \subset S$を持つとすればどうだろう，と考えてみます．条件2より，$A \subset S$が可測（つまりσ-加法族の元）ならば，A^cも可測なのでした．これから，自然に次の例を思いつくでしょう．

例 6.2.3. 集合$S = \{1, 2, 3, 4\}$の部分集合の集合$\mathcal{M}_1$を

$$\mathcal{M}_1 = \{\, \emptyset, \{1\}, \{2,3,4\}, \{1,2,3,4\} \,\}$$

で定めると，$\mathcal{M}_1$はS上のσ-加法族で，すなわち$(S, \mathcal{M}_1)$は可測空間．

部分集合$A = \{1\}$の補集合が$A^c = \{2,3,4\}$で，もちろん$(A^c)^c = \{2,3,4\}^c = \{1\} = A$なので，$\mathcal{M}_1$のどの元の補集合も$\mathcal{M}_1$の元です．

また，条件3については，

$$\emptyset \cup A = A, \quad A \cup A = A, \quad A \cup A^c = S,$$
$$A \cup S = S, \quad A^c \cup S = S$$

などから，$\emptyset, A, A^c, S$のどのような可算和集合も$\emptyset, A, A^c, S$のどれかにしかなりませんので，確かに可測です．

以上に挙げた3つの他にはどのようなものがあるでしょうか．

無限集合上のσ-加法族に進む前に，次の問題で練習してみてください．これができれば有限集合上のσ-加法族についてはもうばっちりでしょう．このような具体的で小さな例では，最悪でもすべて調べ尽すことができるので，根気さえあれば必ず答がわかるのが良いところです．

練習 6.2.1. 集合$S = \{1, 2, 3, 4\}$上のσ-加法族は何通りあるか．このσ-加法族たちは集合Sの分割とどのような関係にあるか．

6.2.2　一般の集合上のσ-加法族の簡単な例

有限集合上のσ-加法族については理解できましたので，次は無限集合かもしれない一般の集合上ではどうなるか考えてみましょう．

無限集合として私たちがよく知っている自然数全体$\mathbb{N}$や実数全体$\mathbb{R}$をとってみる，というのも良い手ですが，今詳しく調べたばかりの有限集合の場合の例を再利用してみる手もあるでしょう．

例えば，有限集合のすべての部分集合によるσ-加法族の例6.2.1は，必ずしも4個の元でなくてもよいことは明らかですし，それどころか無限集合であってもかまいません．なぜならSの部分集合たちをどう演算したところで結果はSの部分集合なので，当然ながらσ-加法族になるという事情は，Sがどんな集合であろうと変わらないからです．

例 6.2.4 （部分集合すべての σ-加法族）．Sを空集合でない任意の集合とし，Sの部分集合全体の集合を$\mathcal{M}_M$とすれば（明らかに）S上のσ-加法族で，$(S, \mathcal{M}_M)$は可測空間.

これはSのどんな部分集合でも可測になる極端な例ですが，逆の極端な場合として，可測な集合がもっとも少ないのはどんなときでしょう．有限集合のときの例6.2.2 を思い浮かべれば，次の例をすぐ思いつきます.

例 6.2.5 （自明なσ-加法族）．Sを空集合でない任意の集合とするとき，$\mathcal{M}_0 = \{\emptyset, S\}$は$S$上の$\sigma$-加法族で，$(S, \mathcal{M}_0)$は可測空間.

定義6.1.1の条件1より少なくとも$\emptyset$は含まざるをえず，これを含む以上は条件2より$\emptyset^c = S$も含まざるをえないので，これが一番簡単な例です.

こんなものが面白いのか，役に立つのか，と思うかもしれませんが，これは数学者が言うところの「自明な例」[注2]というもので，定義を満たす最低限，最小の例を押さえておくことは，数学的，論理的に重要です．この例を**自明な σ-加法族**とも呼びます.

以上2つの例は違う方向に極端な例でしたが，他にはどんな例

注2 もしくは，「自明な」をちょっときどって，「trivial（トリヴィアル）な」例と言う方が，いかにも数学者らしいかもしれない.

がありうるでしょう．再び有限集合の場合に調べたことを再利用してみましょう．練習問題6.2.1 をじっくり考えた方なら，次の例は簡単に納得できるのではないでしょうか．

例 6.2.6（有限個の分割に対するσ-加法族）．空でない集合Sが分割$S = A_1 \sqcup \cdots \sqcup A_N$を持つとき，部分集合$A_1, \ldots, A_N$の任意の組み合わせの和集合全体と空集合からなる集合（族）は，S上のσ-加法族．これを**分割$A_1, \ldots, A_N$から生成されたσ-加法族**と呼ぶ．

つまり，S自身は無限集合かもしれないとは言え，$A_1, \ldots, A_N$という有限個のブロックに分かれていて，そのブロックの内側のことはなにも考えず，ブロックを組み合わせるだけなのですから，N個の元を持つ有限集合とまったく同じ事情です．

念のため，さらに具体的に$N = 4$とした例を挙げると，次のようになります．これを4個の元を持つ有限集合の例6.2.1 と比較してみてください．

例 6.2.7（4個の分割に対するσ-加法族）．集合Sは$S = A_1 \sqcup A_2 \sqcup A_3 \sqcup A_4$と分割されているとする（$A_1, A_2, A_3, A_4$はどれも空集合ではないとしておく）．このとき，次の$\mathcal{M}$はS上のσ-加法族．

$$\begin{aligned}\mathcal{M} = \{\, &\emptyset, A_1, A_2, A_3, A_4,\\ &A_1 \sqcup A_2, A_1 \sqcup A_3, A_1 \sqcup A_4, A_2 \sqcup A_3, A_2 \sqcup A_4, A_3 \sqcup A_4,\\ &A_1 \sqcup A_2 \sqcup A_3, A_1 \sqcup A_2 \sqcup A_4,\\ &A_1 \sqcup A_3 \sqcup A_4, A_2 \sqcup A_3 \sqcup A_4, S \,\}.\end{aligned}$$

6.2.3　σ-加法族の大小関係

以上，定義の理解を深めるために，簡単な例を色々と見てきましたが，ついでに1つだけ重要な注意をしておきたいと思います．上で見たように，同じ1つの集合Sに対して，色々なσ-加法族がありえます．では，同じS上のσ-加法族の間にはどんな関係があるでしょう．もっとも大事な関係が次の大小関係です．

定義 6.2.1（部分σ-加法族とσ-加法族の大小関係）．同じ集合S上の2つのσ-加法族$\mathcal{M}_1, \mathcal{M}_2$について，$\mathcal{M}_1 \subset \mathcal{M}_2$であるとき，$\mathcal{M}_1$は$\mathcal{M}_2$の**部分$\sigma$-加法族**であると言う．また，$\mathcal{M}_1$より$\mathcal{M}_2$の方が**大きい**，逆に$\mathcal{M}_2$より$\mathcal{M}_1$の方が**小さい**と言う．（または，「大きい」ことを「細かい」，「小さい」ことを「粗い」と呼ぶこともある．）

これによれば，もちろん自明なσ-加法族$\mathcal{M}_0$は他のどんなものより小さい（粗い）ことになります．なぜなら，どんなσ-加法族も$\emptyset$とS自身は元に持つので，常に$\mathcal{M}_0$を包含するからです．

また，Sのすべての部分集合からなる$\mathcal{M}_M$は他のどんなものより大きい（細かい）σ-加法族であることも明らかでしょう．

この2つの他には色々なσ-加法族がありえますが，それらの間には大小関係がつけられるものも，つけられないものもあることに注意してください．

例 6.2.8（σ-加法族の大小関係）．集合$S = \{1,2,3,4\}$上のσ-加法族

$$\mathcal{M}_1 = \{\emptyset, \{1,2\}, \{3,4\}, S\}$$

$$\mathcal{M}_2 = \{\emptyset, \{1\}, \{2\}, \{1,2\}, \{3,4\}, \{2,3,4\}, \{1,3,4\}, S\}$$

について$\mathcal{M}_1 \subset \mathcal{M}_2$なので，$\mathcal{M}_2$は$\mathcal{M}_1$より大きい（細かい）．しかし，

$$\mathcal{M}_3 = \{\emptyset, \{1,3\}, \{2,4\}, S\}$$

と$\mathcal{M}_1, \mathcal{M}_2$の間に包含関係はないので，$\mathcal{M}_3$は$\mathcal{M}_1, \mathcal{M}_2$ に対して大きくも小さくもない．

$\mathcal{M}_1, \mathcal{M}_2, \mathcal{M}_3$はそれぞれ順に，分割

$$S = \{1,2\} \sqcup \{3,4\},\ S = \{1\} \sqcup \{2\} \sqcup \{3,4\},\ S = \{1,3\} \sqcup \{2,4\}$$

から生成されたσ-加法族であることに注意．包含関係の理由がこの分割にある．

6.3 測度の簡単な例

6.3.1 自明な測度と有限集合上の測度

次は測度の例を見てみましょう．測度はσ-加法族に対して定義されるものですから，一番簡単な可測空間から始めるのが良さそうです．

例 6.3.1． $(S, \mathcal{M}_0)$を例6.2.5の自明な可測空間とする（すなわち，$\mathcal{M}_0 = \{\emptyset, S\}$）．関数$\mu : \mathcal{M}_0 \to \mathbb{R}$を$\mu(\emptyset) = 0, \mu(S) = 1$で定義すれば$\mu$は測度であり，$(S, \mathcal{M}_0, \mu)$は測度空間．

自明な例というものはときに自明すぎて，初学者はそのチェックにとまどうものです．念のため測度の定義6.1.2を満たしているか確認してみましょう．

まず，条件1については，可測集合が$\emptyset$とSの2つだけで，それぞれのμの値は0と1ですから，明らかに満たしています．また，条件2も確かにOKです．

条件3で，考えられる非交差な元の列は，すべてが$\emptyset$である列か，1つだけSで他はすべて$\emptyset$である列かのどちらかです．（少し奇妙に思われる読者もいるかもしれませんが，$\emptyset \cap \emptyset = \emptyset$ですから，$\emptyset$と$\emptyset$は確かに非交差，同様に$\emptyset \cap S = \emptyset$なので$\emptyset$と$S$も非交差です．）それぞれについてチェックしましょう．

まず，すべてが$\emptyset$のとき，$\emptyset \sqcup \emptyset \sqcup \cdots = \emptyset$なので，条件3の式(6.2)

の左辺は$\mu(\emptyset) = 0$，右辺は$\mu(\emptyset) + \mu(\emptyset) + \cdots = 0 + 0 + \cdots = 0$ですから，確かに満たしています．

また，Sが列に含まれているときは和集合はSですから（例えば，$S \sqcup \emptyset \sqcup \emptyset \sqcup \cdots = S$），左辺は$\mu(S) = 1$，右辺の無限和も1つだけが1であとは0の和ですから1 となって，この場合もOKです．以上より，確かにこの例は測度空間になっています．

以上の確認からもわかるように，$\mu(S) = 1$としたことは本質的ではありません．2でも300でもπ（円周率）でも，いっそ無限大∞でも，条件3が満たされることは明らかでしょう．もちろん，有限の値のときは，有限測度空間ということになります．

上の例は確かに定義は満たしていますが，測度とはどんなものなのか，よくわかりませんね．そこで，有限集合上の測度を考えてみましょう．

私たちは有限集合上のσ-加法族についてはよくわかっているので（6.2.1節），この上に測度の定義を満たすように関数μを作れるかが問題です．

おそらく一番簡単なのは次のように測度を定めることでしょう．

例 6.3.2 （有限集合上の測度）．N個の元を持つ有限集合$S_N = \{1, 2, \ldots, N\}$に対し，$\mathcal{M}$を$S_N$の部分集合のすべてからなる$\sigma$-加法族とする．測度$\mu : \mathcal{M} \to \mathbb{R}$を，各$i \in S_N$について

$$\mu(\{i\}) = 1, \quad (i = 1, 2, \ldots, N) \tag{6.3}$$

を満たすように自然に定めることができる.

上ではさらっと「自然に定めることができる」と書きましたが，実際，どうすれば測度の定義を満たすように定められるのでしょうか.

どんな $A \in \mathcal{M}$ も，$\{i\}$ の形の集合の直和で書けることに注意してください（A の分割とも言えます）．例えば，$A = \{1, 2, 3\} = \{1\} \sqcup \{2\} \sqcup \{3\}$ ですね．この分割を用いて，上の式 (6.3) より，

$$\begin{aligned}\mu(A) &= \mu(\{1\} \sqcup \{2\} \sqcup \{3\}) = \mu(\{1\}) + \mu(\{2\}) + \mu(\{3\}) \\ &= 1 + 1 + 1 = 3\end{aligned}$$

のように定めるのです.

こうすれば，測度の定義の可算加法性 (6.2) を保証できます．実際，例えば，$A = \{1, 2, 3\}, B = \{4, 5\}$ について，

$$\begin{aligned}\mu(A \sqcup B) &= \mu(\{1, 2, 3, 4, 5\}) = 5 = 3 + 2 \\ &= \mu(\{1, 2, 3\}) + \mu(\{4, 5\}) = \mu(A) + \mu(B)\end{aligned}$$

のようになります.

つまり，$\mathcal{M}$ の元である S_N の部分集合はどれも，$\{i\}$ という最小単位の有限個を組み合わせて作れるので，この最小単位について測度の値を定めておけば，あとは「自然に」足し算の関係が満

たせるのです．

上の例6.3.2を見たあとでは，さらに一般化することも容易です．関係(6.3)で値をすべて1としたことには特に意味はありません．この値はなんであれ，他の可測集合に対する値はそれらの和になるだけなので，適当な非負の実数（または無限大も可）$a_1, a_2, \ldots, a_N$ を用意しておいて，

$$\mu(\{i\}) = a_i, \quad (i = 1, 2, \ldots, N)$$

と決めてもいっこうにかまいません．

6.3.2　有限分割を持つ集合上の測度

上で見た有限集合上の測度については，どの部分集合も最小単位をあわせて作れる，ということが味噌でした．ならば，その単位になる可測集合の測度さえ決まれば，それが必ずしも $\{i\}$ のような1つだけの元を持つ集合でなくてもよいでしょう．その単位の内側のことはなにも関係がないので，いっそ無限集合でもよいはずです．

ということは，S 自身が無限集合であっても有限の分割を持ち，σ-加法族が S の分割から生成されている場合も，分割の要素を単位にすれば同じことができるはずです．

例 6.3.3（有限分割を持つ集合上の測度）．空集合でない集合 S が有限な分割 $S = A_1 \sqcup \cdots \sqcup A_N$ を持つとき，これら $A_1, \ldots, A_N$

の任意の組み合わせの和集合と空集合からなるσ-加法族を$\mathcal{M}$とする．また，$a_1, \dots, a_N$を非負の実数または無限大とする．このとき，測度$\mu : \mathcal{M} \to \overline{\mathbb{R}}$を

$$\mu(A_i) = a_i, \quad (i = 1, \dots, N)$$

を満たすように自然に定めることができる．

有限集合の例のときと同様に，「自然に定める」とは，例えば，$A = A_1 \sqcup A_2 \sqcup A_3$に対して，

$$\mu(A) = \mu(A_1) + \mu(A_2) + \mu(A_3) = a_1 + a_2 + a_3$$

のように定めるわけです．

このように決めれば，どんな場合にでも可算加法性(6.2) が自動的に満たされるのでした．なぜならば，どの可測集合も基本単位の直和に分解でき，可測集合の測度はそれぞれの基本単位の測度の和なので，有限集合のときとまったく同じ事情が成り立つからです．

読者の理解を助けるために，この例をさらに具体的にした例を2つほど挙げてみましょう．

例 6.3.4. 自然数全体$\mathbb{N}$を3で割った余りが$0, 1, 2$のどれになるかで，3つの部分集合に分割する．つまり，

$$A_1 = \{1, 4, 7, \dots\}, \quad A_2 = \{2, 5, 7, \dots\}, \quad A_3 = \{3, 6, 9, \dots\}$$

によって，$\mathbb{N} = A_1 \sqcup A_2 \sqcup A_3$.

この分割に対して，$\mathcal{M} = \{\emptyset, A_1, A_2, A_3, A_1 \sqcup A_2, A_1 \sqcup A_3, A_2 \sqcup A_3, \mathbb{N}\}$ とすれば $\mathbb{N}$ 上の σ-加法族．測度 $\mu : \mathcal{M} \to \mathbb{R}$ は，$\mu(A_1) = \mu(A_2) = \mu(A_3) = 1/3$ から自然に定められる．

例えば，$\mu(A_1 \sqcup A_2) = \mu(A_1) + \mu(A_2) = 1/3 + 1/3 = 2/3$，また $\mu(\mathbb{N}) = \mu(A_1) + \mu(A_2) + \mu(A_3) = 1/3 + 1/3 + 1/3 = 1$ など．

例 6.3.5. 実数は有理数か無理数のどちらかなので，$\mathbb{R} = \mathbb{Q} \sqcup \mathbb{Q}^c$ と分割できる．$\mathcal{M} = \{\emptyset, \mathbb{Q}, \mathbb{Q}^c, \mathbb{R}\}$ とし，$\mu : \mathcal{M} \to \mathbb{R}$ を $\mu(\emptyset) = 0, \mu(\mathbb{R}) = 1, \mu(\mathbb{Q}) = \mu(\mathbb{Q}^c) = 1/2$ と定めれば，$(\mathbb{R}, \mathcal{M}, \mu)$ は測度空間．

6.3.3 ちょっと変わった測度（ディラック測度）

ここまで考えてきた測度空間の例は，本質的に有限集合上の測度空間と同じ場合でした．有限でなくても可算集合であれば同様に考えられそうです．しかし，まったく一般の非可算集合上の可測空間に，例えば，すべての部分集合からなる最大の σ-加法族に対して，測度は構成できるのでしょうか．

この場合には任意の部分集合が可測なので，どんな複雑な集合たちに対しても，可算加法性が成り立つようにできるのか，ということが問題です．結論から言えば，次のような例がいつでも存在します．

例 6.3.6 （ディラック測度）．$(S, \mathcal{M}_M)$を最大のσ-加法族（例6.2.4）を持つ可測空間とし，さらに元$a \in S$を1つ任意に固定する．

関数$\delta_a : \mathcal{M}_M \to \mathbb{R}$を，任意の$A \in \mathcal{M}_M$に対し，$a \in A$ならば$\delta_a(A) = 1$，$a \notin A$ならば$\delta_a(A) = 0$ と定義すれば，このδ_aは測度であり，$(S, \mathcal{M}_M, \delta_a)$は測度空間．

この測度δ_aを（点aに集中した）**ディラック測度**と言います．点$a \in S$に依存した関数なので，添え字でそれを表しています．ちなみに，ディラック測度にはデルタ（“δ”）の記号を用いるのが伝統的で，そのためデルタ測度と呼ぶこともあります．

この例は，今まで考えてきた測度とはかなり変わっていますね．これまでに見てきた例では，測度とはいかにも「面積」や「体積」のようなものだな，という印象を持たれた方が多いのではないでしょうか．

一方，この例は集合がある一点を含むかどうかを判定する関数であり，あまり「面積」らしくはありません（「面積」や「重さ」が一点に集中しているのだ，と考えることは可能ですが）．しかし，それでもやはり定義を満たす以上は確かに測度です．

それはそれとして，では，いかにも「面積」や「体積」らしい測度をすべての部分集合からなるσ-加法族上に定義できるのでしょうか．前章までで研究したルベーグ測度ではこのようなことは不可能で，考える集合をルベーグ可測なものだけに制限する必要がありました．のちに，これを抽象的な枠組みで考え直すことになるでしょう．

練習 6.3.1. 異なる2つの元$a, b \in S$に対し，

$$\mathcal{M}_M \ni A \mapsto \delta_a(A) + \delta_b(A) \in \mathbb{R}$$

で定めた関数$(\delta_a + \delta_b) : \mathcal{M}_M \to \mathbb{R}$ は$(S, \mathcal{M}_M)$上の測度だろうか？　また，どのような意味を持つか．もっと多くの元ではどうか．

第7章

そして定義から性質を導く

7.1 σ-加法族の性質を定義から導く

7.1.1 もっともやさしい性質の証明

定義の感じがつかめたところで，定義から論理的に性質を導いてみましょう．数学のどんな偉大な定理も定義と論理から導かれるもので，目標である**定理**までの途中経過を書き出したものが**証明**というわけです．

本節ではσ-加法族の性質を調べますので，その定義6.1.1を確認しておいてください．では，一番簡単な性質から証明してみましょう．この性質はいくつかの例でも導きましたし（特に例6.2.5），あまりに簡単すぎるかもしれませんが，定理と証明という形式で再確認します．

定理 7.1.1. 任意の可測空間$(S, \mathcal{M})$について，$S \in \mathcal{M}$.

証明. σ-加法族の定義6.1.1の条件1より，$\emptyset \in \mathcal{M}$．また，同定義の条件2より，任意の$\mathcal{M}$の元についてその補集合も$\mathcal{M}$の元だから，

$$\emptyset^c = S \in \mathcal{M}.$$

証明終わり． □

この証明は極端に短い例ですが，証明はかなりの長さになることもあるので，ここで証明が終わったことを明言して他の部分と

の区切りを明確にするのが普通です．これを「証明終わり」のように言葉で書く他の方法としては，“QED”や“qed”（ラテン語の“quod erat demonstrandum”（「これが示されるべきことだった」）の頭文字）などと書いたり，白抜きまたは黒塗りの長方形や正方形の記号（通称「ハルモスの墓石」）を書いたりするのが標準的でしょう．本書では以降，白抜きの小さな正方形の記号を行末に書いて証明の終わりを示します．

7.1.2　色々な集合演算についても閉じていること

次の性質もこれまでに見た例の中で実質的には用いられていましたが，ここで定理と証明の形で整理しておきましょう．このように定理には，いつでも使える形で大事なことを簡潔に述べておく，という意味があります．

定理 7.1.2. 任意の可測空間$(S, \mathcal{M})$上の任意の有限個の可測集合$A_1, \ldots, A_N \in \mathcal{M}$について，それらの和集合も可測．すなわち，

$$\bigcup_{i=1}^{N} A_i \in \mathcal{M}.$$

特に，任意の$A, B \in \mathcal{M}$について$A \cup B \in \mathcal{M}$.

証明.　集合たちの和集合とは，それらの集合のどれかに属しているものすべての集合なので，空集合をいくら追加しても変わら

ない．よって，

$$\bigcup_{i=1}^{N} A_i = \left(\bigcup_{i=1}^{N} A_i \right) \cup \emptyset \cup \emptyset \cup \cdots$$

が成り立つ．この右辺は可算個の可測集合の和集合だから，σ-加法族の定義6.1.1の条件3より$\mathcal{M}$の元，すなわち可測．

これで任意のN個で成り立つことを示したから，特に$N=2$のときも正しい．よって，$A_1 = A, A_2 = B$とすれば，$A \cup B \in \mathcal{M}$． □

このように，有限個の可測集合の和集合は可測であることはσ-加法族の条件3から導けます．逆に，任意の有限個の可測集合で成立しても，もちろん，可算個で成り立つことは一般には保証されません．このことはのちに，具体的な測度の構成をするときに問題になります．

σ-加法族とは，補集合と可算個の和集合の操作について閉じているものでしたが，実は，この2つだけを保証すれば，通常用いられる他の操作もできることが次のように証明できます．つまり，σ-加法族は定義は簡潔ながら，色々な集合操作をすることが許される，十分に豊かな空間です．

定理 7.1.3. 任意の可測空間$(S, \mathcal{M})$について，次が成り立つ．

1. $A, B \in \mathcal{M}$ならば$A \cap B \in \mathcal{M}$，

2. $A, B \in \mathcal{M}$ならば$A \setminus B \in \mathcal{M}$.

証明. 1. ド・モルガンの法則（2.2.2節の式(2.4)）を集合A^cとB^cに適用すれば,

$$(A^c \cup B^c)^c = (A^c)^c \cap (B^c)^c = A \cap B.$$

$A, B \in \mathcal{M}$ならば，σ-加法族の定義6.1.1の条件2より$A^c, B^c \in \mathcal{M}$，さらに定理7.1.2より$A^c \cup B^c \in \mathcal{M}$であり，また同じく定義の条件2から$(A^c \cup B^c)^c \in \mathcal{M}$．ゆえに上式より，$A \cap B \in \mathcal{M}$.

2. 差集合は補集合と共通部分を用いて$A \setminus B = A \cap (B^c)$と書けることに注意せよ．$A, B \in \mathcal{M}$ならばσ-加法族の定義6.1.1の条件2より$B^c \in \mathcal{M}$で，共通部分についてはすでに上で示したから$A \cap (B^c) \in \mathcal{M}$．ゆえに$A \setminus B \in \mathcal{M}$. □

この証明の前半で，先に証明した定理（定理7.1.2）を使っています．定理の証明は定義だけから導かれるとは言うものの，いちいちすべて定義まで戻っていては面倒なので，このように一度定理として証明した性質は引用して使うのです．こうしてすでに証明した定理を土台に，どんどんと複雑な定理へと積み上げていくことができるわけですね.

上の定理は特に可測集合が2つの場合だけ述べましたが，もちろんこれらの操作を有限個の，もしくは可算個の可測集合にほどこしても，その結果はまた可測集合になることは明らかです.

σ-加法族の定義自体は補集合と可算個の和集合について閉じていることしか要請していませんが，他の色々な操作が可能なことはこの定義だけから導かれるので，定義には含めないのです.

このように，定義では必要最小限の要請しかしません．逆に言えば，定義がもっとも簡潔になるように要請する性質を選ぶのであって，そのようなギリギリの設定をするのが数学の美学です[注1].

7.2 測度の性質を定義から導く

7.2.1 有限加法性

σ-加法族についてはこれくらいにして，次は測度の簡単な性質を測度の定義6.1.2 から調べていきましょう．最初に次の定理を導いておくのが便利です．証明のアイデアは定理7.1.2のときと同様に，空集合を使うことです.

定理 7.2.1 （有限加法性）．$(S, \mathcal{M}, \mu)$を測度空間とする．このとき，互いに共通部分を持たない任意の$A_1, \ldots, A_N \in \mathcal{M}$について，

注1　とは言え，定義の記述の簡潔さやわかりやすさ，使いやすさなどを優先して，必ずしもギリギリまで削ぎ落とさない場合もある.

$$\mu\left(\bigsqcup_{j=1}^{N} A_j\right) = \sum_{j=1}^{N} \mu(A_j)$$

が成り立つ（上式左辺の和集合は定理7.1.2より可測であることに注意）．これを測度の**有限加法性**と言う．

特に，共通部分を持たない任意の$A, B \in \mathcal{M}$について次が成り立つ．

$$\mu(A \sqcup B) = \mu(A) + \mu(B).$$

証明. 任意の集合は空集合と和集合をとっても変わらないし，空集合は任意の集合と互いに素だから，

$$\bigsqcup_{j=1}^{N} A_j = \left(\bigsqcup_{j=1}^{N} A_j\right) \sqcup \emptyset \sqcup \emptyset \sqcup \cdots .$$

この右辺は互いに共通部分を持たない可算個の可測集合の和集合なので，測度の定義6.1.2の条件3（可算加法性）が使えて，

$$\mu\left(\left(\bigsqcup_{j=1}^{N} A_j\right) \sqcup \emptyset \sqcup \emptyset \sqcup \cdots\right) = \sum_{j=1}^{N} \mu(A_j) + \mu(\emptyset) + \mu(\emptyset) + \cdots .$$

測度の定義の条件2より$\mu(\emptyset) = 0$だったから，上の2つの式をあわせて，

$$\mu\left(\bigsqcup_{j=1}^{N} A_j\right) = \sum_{j=1}^{N} \mu(A_j).$$

特に$N = 2$として，$A_1 = A, A_2 = B$とおけば，

$$\mu(A \sqcup B) = \mu(A) + \mu(B).$$

も成立する. □

このように，可算加法性から有限加法性が成り立つことは導けますが，この逆に，有限加法性だけから可算加法性は保証されないことを注意しておきます．つまり，可算加法性は有限加法性よりも強い性質です.

測度を具体的に構成するときには，有限加法性が成り立つように設定するのは簡単だが，果たしてこれが可算加法性を満たすだろうか，ということがしばしば問題になります.

次の問題は有限加法性からただちに導かれますが，よく使うので確認しておきましょう.

練習 7.2.1 (補集合の測度).

1. $(S, \mathcal{M}, \mu)$ を有限測度空間とする．$A \in \mathcal{M}$ とその補集合 A^c について次が成り立つことを証明せよ.

$$\mu(A^c) = \mu(S) - \mu(A).$$

2. この主張にはなぜ有限測度空間の仮定が必要なのか？ $\mu(S) = \infty$ のときに不都合な例を挙げて説明せよ.

7.2.2 単調性と劣加法性

さて，有限加法性の簡単な応用として，次の性質を証明しておきましょう．定理の意味は，面積や体積などを思い浮かべれば自然に了解されるでしょう．もし，ある図形が別の図形に含まれているのならば，当然，前者より後者の面積が大きい（正確に言えば，小さくない）はずです．

このことは，面積などが持つべき基本的で本質的な性質だと思われますが，これを定義6.1.2の条件1，2，3だけから導くことができるのです．

定理 7.2.2 （単調性）． 測度空間$(S, \mathcal{M}, \mu)$に対し，可測集合$A, B \in \mathcal{M}$について$A \subset B$ならば，$\mu(A) \leq \mu(B)$が成り立つ．特に，Bの測度が有限ならば，Aの測度も有限．

証明． 集合BはAを包含しているから，

$$B = A \sqcup (B \setminus A)$$

と書ける．ここで，定理7.1.3より$B \setminus A$も可測で，Aと$B \setminus A$は互いに共通部分を持たないことに注意せよ．よって，有限加法性（定理7.2.1）より，

$$\mu(B) = \mu(A \sqcup (B \setminus A)) = \mu(A) + \mu(B \setminus A)$$

となるが，測度の定義6.1.2の条件1より$\mu(B \setminus A)$の値は非負の

実数か無限大だから，$\mu(B) \geq \mu(A)$. □

だんだんと証明らしくなってきましたね．ここでは，定義の他にすでに証明した定理を2つ使いました．証明のポイントは，集合Bを共通部分を持たない集合に分ける，といういつもの手段です．

次の定理の証明でも同じ手を使います．定理の内容はルベーグ測度ですでに見た**劣加法性**です．直観的には，図形が重なっている場合には全体の面積より各図形の面積の合計の方が大きい，という自然な性質ですね．

定理 7.2.3（劣加法性）．$(S, \mathcal{M}, \mu)$を測度空間とする．任意の可算個の可測集合$A_1, A_2, \cdots$について，常に次の不等式が成り立つ．

$$\mu\left(\bigcup_{j=1}^{\infty} A_j\right) \leq \sum_{j=1}^{\infty} \mu(A_j).$$

また，任意の有限個の可測集合$A_1, \cdots, A_N$についても，

$$\mu\left(\bigcup_{j=1}^{N} A_j\right) \leq \sum_{j=1}^{N} \mu(A_j).$$

証明. 集合$B_1, B_2, \cdots \subset S$を，$A_1, A_2, \ldots$を用いて次のように順に定義する．

$$B_1 = A_1, \quad B_2 = A_2 \setminus A_1, \quad B_3 = A_3 \setminus (A_1 \cup A_2),$$

$$B_4 = A_4 \setminus (A_1 \cup A_2 \cup A_3), \ldots .$$

まず，各 B_j は可測集合らの和集合と差集合で作られているから，可測であることに注意する．

また，B_j は A_j からある集合を除いたものだから，各 $j = 1, 2, \ldots$ について $B_j \subset A_j$ である．さらに，上の構成方法より $B_1, B_2, \ldots$ らは互いに共通部分を持たず，しかも，

$$\bigcup_{j=1}^{\infty} A_j = \bigsqcup_{j=1}^{\infty} B_j.$$

ゆえに，測度の可算加法性（定義6.1.2の条件3）より，

$$\mu\left(\bigcup_{j=1}^{\infty} A_j\right) = \mu\left(\bigsqcup_{j=1}^{\infty} B_j\right) = \sum_{j=1}^{\infty} \mu(B_j).$$

ここで，$B_j \subset A_j$ だったから測度の単調性（定理7.2.2）より $\mu(B_j) \leq \mu(A_j)$ なので，これを上式の右辺に適用して，

$$\mu\left(\bigcup_{j=1}^{\infty} A_j\right) = \sum_{j=1}^{\infty} \mu(B_j) \leq \sum_{j=1}^{\infty} \mu(A_j).$$

有限個の $A_1, \ldots, A_N$ についても，可算加法性の代わりに有限加法性を用いれば同様．　□

7.2.3 連続性

それではいよいよ，定理と呼ぶにふさわしい測度の重要な性質を証明してみましょう．アルキメデスの「とりつくし」のように，求めたい図形の面積にどんどん近づけていきたいときに問題なのは，その無限の彼方で答に行きつくのか，ということです．

このとき大事になるのは，関数の定義域で目的の対象にどんどん近づいていけば，それを関数で写した終域の値もその対象の値にどんどん近づいていく，という良い性質で，これを関数の**連続性**と呼ぶのでした（3.2.4節）．次の2つの定理は測度がある種の連続性を持っていることを保証します．

定理 7.2.4 （測度の上方連続性）． $(S, \mathcal{M}, \mu)$を測度空間とする．$A_1, A_2, \cdots \in \mathcal{M}$が単調に増大する列であるとき，つまり，$A_1 \subset A_2 \subset \cdots$ならば，次が成り立つ．

$$\lim_{n\to\infty} \mu(A_n) = \mu\left(\bigcup_{j=1}^{\infty} A_j\right).$$

（右辺の測度の値が無限大のときは左辺の極限が$+\infty$に発散）

証明． まず，$A_1, A_2, \ldots$が単調に増大することより，

$$A_n = \bigcup_{j=1}^{n} A_j \tag{7.1}$$

に注意しておく．

与えられた$A_1, A_2, \ldots$に対して，Sの部分集合の列$B_1, B_2, \ldots$

を

$$B_1 = A_1, \quad B_2 = A_2 \backslash A_1, \quad B_3 = A_3 \backslash A_2, \quad B_4 = A_4 \backslash A_3, \quad \cdots$$

のように定めれば，それぞれ可測集合の差集合だからやはり可測で，かつ，互いに共通部分を持たない．しかも，$A_1, A_2, \ldots$ は単調に増大していることより，

$$A_n = A_1 \sqcup (A_2 \setminus A_1) \sqcup \cdots \sqcup (A_n \setminus A_{n-1}) = \bigsqcup_{j=1}^{n} B_j.$$

これと最初に注意した関係 (7.1) とあわせれば，

$$A_n = \bigcup_{j=1}^{n} A_j = \bigsqcup_{j=1}^{n} B_j \quad \text{であり，} \quad \bigcup_{j=1}^{\infty} A_j = \bigsqcup_{j=1}^{\infty} B_j. \tag{7.2}$$

$B_1, B_2, \ldots$ は互いに共通部分を持たないから，有限加法性（定理 7.2.1）より

$$\mu(A_n) = \mu\left(\bigcup_{j=1}^{n} A_j\right) = \mu\left(\bigsqcup_{j=1}^{n} B_j\right) = \sum_{j=1}^{n} \mu(B_j).$$

$n \to \infty$ の極限をとって，

$$\lim_{n\to\infty} \mu(A_n) = \lim_{n\to\infty} \sum_{j=1}^{n} \mu(B_j) = \sum_{j=1}^{\infty} \mu(B_j) = \mu\left(\bigsqcup_{j=1}^{\infty} B_j\right).$$

この最後の等号で可算加法性（定義 6.1.2 の条件 3）を用いた．

ゆえに，関係 (7.2) より

$$\lim_{n\to\infty} \mu(A_n) = \mu\left(\bigsqcup_{j=1}^{\infty} B_j\right) = \mu\left(\bigcup_{j=1}^{\infty} A_j\right). \qquad \square$$

この証明でもまた，集合たちを互いに共通部分のない集合たちに変形する，というアイデアが味噌だったことを注意しておきます．

上の定理とは逆に，外から内へどんどん小さくなっていく列でも同様のことが成り立ちます．

定理 7.2.5（測度の下方連続性）． $(S, \mathcal{M}, \mu)$を測度空間とする．$A_1, A_2, \cdots \in \mathcal{M}$が単調に減少する列，つまり，$A_1 \supset A_2 \supset \cdots$であり，かつ$\mu(A_1) < \infty$ならば，次が成り立つ．

$$\lim_{n\to\infty} \mu(A_n) = \mu\left(\bigcap_{j=1}^{\infty} A_j\right).$$

証明． 各A_jに対し集合B_jを$B_j = A_1 \setminus A_j$で定めれば，$B_1, B_2, \ldots$は単調に増大する可測集合の列．よって，前の定理7.2.4（測度の上方連続性）が使えて，

$$\lim_{n\to\infty} \mu(A_1 \setminus A_n) = \lim_{n\to\infty} \mu(B_n) = \mu\left(\bigcup_{j=1}^{\infty} B_j\right) = \mu\left(\bigcup_{j=1}^{\infty} (A_1 \setminus A_j)\right)$$

この右辺について，

$$\bigcup_{j=1}^{\infty} (A_1 \setminus A_j) = A_1 \setminus \bigcap_{j=1}^{\infty} A_j$$

が成り立つ．実際，ド・モルガンの法則（練習2.2.2）より

$$\begin{aligned}\bigcup_{j=1}^{\infty}(A_1 \setminus A_j) &= \left(\bigcap_{j=1}^{\infty}(A_1 \setminus A_j)^c\right)^c = \left(\bigcap_{j=1}^{\infty}(A_1 \cap A_j^c)^c\right)^c \\ &= \left(\bigcap_{j=1}^{\infty}(A_1^c \cup A_j)\right)^c = \left(A_1^c \cup \bigcap_{j=1}^{\infty} A_j\right)^c \\ &= A_1 \cap \left(\bigcap_{j=1}^{\infty} A_j\right)^c = A_1 \setminus \bigcap_{j=1}^{\infty} A_j.\end{aligned}$$

よって，

$$\lim_{n\to\infty} \mu(A_1 \setminus A_n) = \mu\left(A_1 \setminus \bigcap_{j=1}^{\infty} A_j\right).$$

最後に$\mu(A_1) < \infty$の仮定と定理7.2.2よりA_1に含まれる可測集合A_nと$\bigcap_{j=1}^{\infty} A_j$の測度も有限だから，加法性（定理7.2.1）より，

$$\begin{aligned}\lim_{n\to\infty}(\mu(A_1 \setminus A_n)) &= \mu(A_1) - \lim_{n\to\infty} \mu(A_n) \\ &= \mu(A_1) - \mu\left(\bigcap_{j=1}^{\infty} A_j\right).\end{aligned}$$

ゆえに，

$$\lim_{n\to\infty} \mu(A_n) = \mu\left(\bigcap_{j=1}^{\infty} A_j\right). \qquad \square$$

この証明はかなり複雑でしたね．でも，その本質はド・モルガンの法則で包含関係を引っくり返し，単調増加のときの定理

7.2.4に帰着させただけのことです．ただし，差集合の測度を測るときに，練習7.2.1で見たのと同じ理由で，仮定$\mu(A_1) < \infty$が必要になります．（測度論の高度な専門書ならば，この定理の証明は「$\mu(A_1) < \infty$に注意すればド・モルガンの法則より明らか」という一行で済まされてしまうかもしれません！）

第8章

測度の構成という問題

ここまでは，測られるものとしてのσ-加法族と，測るものとしての測度を抽象的に定義して，その定義から性質を導きました．これらの定義は，私たちが面積や体積などに対して持っている直観を抽象化したもの，という側面を持っています．

しかし，私たちが知っている長さや面積や体積は，果たして測度なのでしょうか？　より正確に言えば，測りたいと思っている図形は可測なのでしょうか？　それらはσ-加法族の定義6.1.1を満たしているのでしょうか？　そして，それらを測ることは測度の定義6.1.2を満たしているのでしょうか？

特に問題になりそうなのは，σ-加法族と測度の定義には，任意の可算無限個の集合について成り立つべき性質が要請されていることです．どうすればこれをチェックできるのでしょう．あるいは，どうすればこれが満たされるように，具体的な測度を作ることができるのでしょう．これが測度の構成という問題です．

8.1　σ-加法族の構成

8.1.1　集合族から生成されたσ-加法族

定義のときと同様に，測られるものたちの世界であるσ-加法族から始めます．σ-加法族においては，のちに測度を考えるのに十分な，集合の基本的な演算が自由にできるのでした．このようなσ-加法族はどのようにすれば作れるのでしょうか．

もちろんいつでも，最大のσ-加法族として「すべての部分集合を持ってくる」ことはできます（例6.2.4）．しかし，σ-加法族が大きければ大きいほど，その上に測度を定義することは難しくなるはずなので，できれば必要最小限の大きさにしておきたいところです．

つまり，測度を考えたい集合たちに対して，それらを含むような最小のσ-加法族を用意したいのです．これを保証するのが次の定理です．

定理 8.1.1（集合族から生成されたσ-加法族）．空集合でない集合Sの部分集合の集合族$\mathcal{A}$に対して，$\mathcal{A}$を含むようなS上のσ-加法族で最小のもの，つまり，$\mathcal{A}$を含む任意のσ-加法族の部分σ-加法族であるものが存在する．（これを$\sigma[\mathcal{A}]$と書いて，**$\mathcal{A}$から生成されたσ-加法族**と呼ぶ．）

証明. S上のσ-加法族で$\mathcal{A}$を含むものとして，すべての部分集合からなる最大のσ-加法族（例6.2.4）は存在する．よって，S上のσ-加法族で$\mathcal{A}$を含むようなものすべてのなす集合Xは空集合ではないから（XはSの部分集合の集合の集合！），Xのすべての元の共通部分を$\mathcal{I}$とおく．すなわち，

$$\mathcal{I} = \bigcap_{\mathcal{M}\in X} \mathcal{M}.$$

以下，この$\mathcal{I}$が$\sigma[\mathcal{A}]$であること，つまり，$\mathcal{A}$を包含し，S上のσ-

加法族であり，そのようなものの中で最小であることの3つを示そう．

1. 任意の$\mathcal{M} \in X$についてXの定義より$\mathcal{A} \subset \mathcal{M}$なのだから，それらの共通部分$\mathcal{I}$についても$\mathcal{A} \subset \mathcal{I}$.
2. 任意の$\mathcal{M} \in X$について$\mathcal{M}$がσ-加法族であることより，$\emptyset \in \mathcal{M}$だから，それらの共通部分$\mathcal{I}$についても$\emptyset \in \mathcal{I}$.
   また，$A \in \mathcal{I}$ならば，任意の$\mathcal{M} \in X$について$A \in \mathcal{M}$であり，各$\mathcal{M}$がσ-加法族であることより，$A^c \in \mathcal{M}$. よって，それらの共通部分$\mathcal{I}$についても$A^c \in \mathcal{I}$.
   さらに，$A_1, A_2, \cdots \in \mathcal{I}$ならば，任意の$\mathcal{M} \in X$について$A_1, A_2, \cdots \in \mathcal{M}$であり，各$\mathcal{M}$が$\sigma$-加法族であることより，$\bigcup_{j=1}^{\infty} A_j \in \mathcal{M}$. よって，それらの共通部分$\mathcal{I}$についても$\bigcup_{j=1}^{\infty} A_j \in \mathcal{I}$.
   以上より，σ-加法族の定義6.1.1の条件1，2，3を満たすことが示されたので，$\mathcal{I}$はS上のσ-加法族.
3. $\mathcal{I}$はXに属するσ-加法族の共通部分なのだから，任意の$\mathcal{M} \in X$について，$\mathcal{I} \subset \mathcal{M}$. よって，$\mathcal{I}$は$X$の中で最小の$\sigma$-加法族. □

この定理によって，私たちは例えば，次のようなσ-加法族を考えることができるようになりました．

例 8.1.1 （実数上のすべての閉区間を含むようなσ-加法族）．実数全体$\mathbb{R}$上に「自然な」測度を定義するには，閉区間$[a, b]$のようなものが可測であってほしい．（そして，その測度（長さ）はできれば$b-a$と決めたい．）

このとき，上の定理8.1.1を用いて，すべての閉区間のなす集合$\mathcal{A} = \{[a, b] : a, b \in \mathbb{R}, a < b\}$から生成される$\sigma$-加法族$\sigma[\mathcal{A}]$が，$\mathbb{R}$上の$\sigma$-加法族の1つの候補になるだろう．

上の証明はσ-加法族全体の共通部分をとる，というかなり抽象的なものだったので，とまどった読者もおられるでしょう．次の問題で練習しておくと理解しやすいかもしれません．

練習 8.1.1 （σ-加法族の共通部分と和集合）．

1. $\mathcal{M}_1, \mathcal{M}_2$を同じ$S$上の$\sigma$-加法族とするとき，$\mathcal{M}_1 \cap \mathcal{M}_2$も$\sigma$-加法族であることを証明せよ．
2. しかし，$\mathcal{M}_1 \cup \mathcal{M}_2$は$\sigma$-加法族とは限らないことを示せ（$\sigma$-加法族にならない例を挙げよ）．

8.1.2 σ-加法族より弱い集合族

測りたい集合を含むような最小限のσ-加法族が存在することはわかりましたが，その上に定義6.1.2で要請される性質を満たすように測度を構成するのはまだ難しいでしょう．特に可算加法性を満たすのが難問です．

そこで通常選ばれるのは，次の二段階の作戦です．まずσ-加法族よりも条件を満たしやすい集合族$\mathcal{A}$の上に測度を定義します．これは厳密に言えば，まだσ-加法族上で定義されていない以上は測度とは言えないので，**前測度**と呼んで区別しておくのが適切でしょう．

そのあと，適当な条件のもとでそれが$\mathcal{A}$から生成されたσ-加法族$\sigma[\mathcal{A}]$ の上まで拡張できることを示します．これを**（前）測度の拡張**と言い，前測度が測度に拡張できることを保証する定理を**（測度の）拡張定理**と呼びます．

測度の拡張についてはのちに詳しくご紹介しますが，本節ではその準備として，このσ-加法族より弱い集合族を見ておきましょう．一番わかりやすいのは，可算加法性が難しいのだから有限加法性までしか要請しないことです．つまり，次のような集合族を用意します．

定義 8.1.1 （有限加法族）．空集合でない集合Sに対し，Sの部分集合の集合族$\mathcal{A}$で次の3つの条件を満たすものを**有限加法族**と言う．

1. $\emptyset \in \mathcal{A}$.
2. $A \in \mathcal{A}$ならば$A^c \in \mathcal{A}$.
3. $A, B \in \mathcal{A}$ならば$A \cup B \in \mathcal{A}$.

いくつか注意をしておきましょう．まず，上の条件3では2個の場合しか要請していませんが，有限個ならばこれを繰り返せばよいので，N個の$A_1, \ldots, A_N \in \mathcal{A}$について$\bigcup_{j=1}^{N} A_j \in \mathcal{A}$です．つまり有限加法性ですね．

また，σ-加法族のときと同様に，共通部分や差集合についても閉じていることが導かれますので（定理7.1.3），有限個の集合に対する操作しかできないとは言え，有限加法族もかなり豊かな集合族です．

本書では有限加法族しか用いませんが，他にも色々な（σ-加法族より弱い）集合族があり，またそれぞれに色々な拡張定理が知られています．測度を定義したい対象に応じて，チェックしやすい条件や，証明しやすい都合があるので，それぞれに応じてこれらを使い分けるのですね．

有限加法族の例を1つ挙げておきましょう．

例 8.1.2（有限加法族の例）．$S = \mathbb{N}$とし，$\mathbb{N}$の部分集合でそれ自身が有限集合か，その補集合が有限集合であるようなものの全体を$\mathcal{A}$とすれば，$\mathcal{A}$は有限加法族．

実際，$\emptyset$は有限集合だから$\emptyset \in \mathcal{A}$．また，任意の$A \in \mathcal{A}$について，$A$が有限集合なら$A^c$は補集合が有限だから$A^c \in \mathcal{A}$であるし，$A$が無限集合なら$A^c$自身が有限で$A^c \in \mathcal{A}$だから，いずれにせよ$A^c \in \mathcal{A}$．最後に，$A, B \in \mathcal{A}$ならば，$A, B$が両方とも有限

集合か，どちらか一方が有限集合でもう一方の補集合が有限集合か，両方とも補集合が有限集合だが，いずれの場合にも$A \cup B$が有限集合か，$(A \cup B)^c = A^c \cap B^c$（ド・モルガンの法則（練習2.2.2））が有限集合なので，$A \cup B \in \mathcal{A}$．よって，$\mathcal{A}$は有限加法族．

しかし，偶数である自然数の全体は$\mathcal{A}$に含まれないが，$\mathcal{A}$の元の可算和集合で書けるので，$\mathcal{A}$はσ-加法族ではない．

8.2 前測度から測度へ

8.2.1 前測度の拡張としての測度

望むような可測集合の上に望むような測度を構成するため，まずσ-加法族より簡単で扱いやすい集合族$\mathcal{A}$の上に，測度のようなもの$\mu : \mathcal{A} \to \mathbb{R}$を作っておいて，それを$\sigma[\mathcal{A}]$の上にまで拡張しよう，というのが方針でした．この手続きの意味をきちんと数学にしておきましょう．

まず，$\mathcal{A}$はσ-加法族ではないので，その上の関数μは$\mathcal{A}$上でしか定義されていない以上，測度とは言えません．とは言え，拡張すれば測度になってほしいのですから，ほとんど測度に近い性質を持つ必要があります．

「前測度」という言葉は，「のちに測度に拡張される測度のようなもの」という意味で曖昧に用いられたり，それぞれ少し違う定義が用いられたりしているのですが，私たちは状況を限定して次のように定義しておきましょう．

定義 8.2.1 （前測度）．Sを空集合でない集合，$\mathcal{A}$をその上の有限加法族（定義8.1.1）とするとき，次の条件を満たす関数$\tilde{\mu}: \mathcal{A} \to \overline{\mathbb{R}}$を**前測度**と言う．

1. 任意の$A \in \mathcal{A}$に対し$\tilde{\mu}(A)$は0以上の実数か無限大．
2. $\tilde{\mu}(\emptyset) = 0$.
3. 互いに共通部分を持たない$A_1, A_2, \cdots \in \mathcal{A}$の直和$\bigsqcup_{n=1}^{\infty} A_n$が$\mathcal{A}$の元ならば，

$$\tilde{\mu}\left(\bigsqcup_{n=1}^{\infty} A_n\right) = \sum_{n=1}^{\infty} \tilde{\mu}(A_n). \tag{8.1}$$

上の条件1，2は測度の定義6.1.2とまったく同じですが，条件3に微妙ながら決定的な違いがあります．それは，上式(8.1)自体は測度の定義の可算加法性(6.2)と同じであっても，「もし集合の直和が$\mathcal{A}$の元ならば」という限定がついていることです．

$\mathcal{A}$はσ-加法族ではないので，可算個の直和について閉じているとは限りません．しかし，それが（たまたま）$\mathcal{A}$に属しているときには可算加法性の関係が成り立つべし，と要請しているのです．（これが成り立っていないと，次の意味で測度に「拡張」できないので，当然の要請ではありますが．）

なお，条件3の代わりに有限加法性，つまり，共通部分を持た

ない$A, B \in \mathcal{A}$に対し，$\tilde{\mu}(A \sqcup B) = \tilde{\mu}(A) + \tilde{\mu}(B)$だけを仮定して，このような$\tilde{\mu}$を$(S, \mathcal{A})$上の有限加法的測度と呼ぶ流儀もあります．この方法にも色々な利点がありますが，本書では「前測度を測度に拡張する」という言葉遣いに統一します．

では，測度の拡張の意味を次のように明確にします．

定義 8.2.2 （前測度から測度への拡張）．Sを空集合でない集合，$\mathcal{A}$をS上の有限加法族，$\tilde{\mu} : \mathcal{A} \to \overline{\mathbb{R}}$を前測度とし，また，$\mu : \sigma[\mathcal{A}] \to \overline{\mathbb{R}}$ を可測空間$(S, \sigma[\mathcal{A}])$上の測度とする．

このとき，写像の意味で測度μが前測度$\tilde{\mu}$の拡張（3.2.3節）ならば，この測度μは**前測度$\tilde{\mu}$の拡張**であると言う．

定義域の包含関係$\mathcal{A} \subset \sigma[\mathcal{A}]$に注意してください．測度$\mu$は$\mathcal{A}$の上では前測度$\tilde{\mu}$に一致しています．しかも，$\mathcal{A}$よりも広くて$\sigma$-加法族でもある$\sigma[\mathcal{A}]$ 上ではちゃんと測度になっている，というわけです．

8.2.2　拡張定理

それでは，前測度を測度に拡張することは常に可能なのでしょうか．それともなにか条件を追加しないと，このような拡張はできないのでしょうか．また，拡張ができるなら，それは一通りに決まるのでしょうか．

これらの問題への回答となるのが次の定理です．実は私たちの設定では，常に前測度を測度に拡張することができます．

定理 8.2.1 (E.Hopf[注1] の拡張定理)．前測度の定義8.2.1と拡張の定義8.2.2の意味で，空でない集合S上の有限加法族$\mathcal{A}$上の前測度$\tilde{\mu}$は，可測空間$(S, \sigma[\mathcal{A}])$上の測度μに拡張できる．

しかも，各$j \in \mathbb{N}$について$\tilde{\mu}(A_j) < \infty$である$A_1, A_2, \cdots \in \mathcal{A}$で$S = \bigcup_{j=1}^{\infty} A_j$と書けるようなものがある場合には，この拡張は一意的である．すなわち，もしμの他にも拡張μ'があれば，任意の$B \in \sigma[\mathcal{A}]$について$\mu(B) = \mu'(B)$.

一意性についての条件は，測度の言葉遣いを借りれば，「$\tilde{\mu}$がσ-有限であること」（σ-有限な測度の定義6.1.3）と言えることを注意しておきます．この場合には拡張された測度μ自体もσ-有限になります．

残念ながら，この定理の証明は本書の程度を越えると思いますし，かなりの分量が必要なので省略します．測度の考え方に十分になじんだところで，より高度な文献にあたるとよいでしょう[注2]．

しかし，定理の理解を深めるために，次のような例を挙げてお

注1　同姓の数学者H.Hopfによる別分野の「拡張定理」と区別するため，“E.”のイニシャルをつけることが多い．

注2　例えば，伊藤[5]や吉田伸生[10]に，本書とやや設定が違う上にかなり程度は高いが，丁寧な証明がある．

きます．拡張はできるが，一意性は成立しない例です．

例 8.2.1 （拡張定理と一意性）．有限加法族の例8.1.2を少し変形して用いる．$S=\mathbb{N}\cup\{0\}$として，その上の有限加法族$\mathcal{A}$をSの部分集合のうち，それ自身かその補集合が0を含まない有限集合であるようなもの全体とする（これが有限加法族になっていることは例8.1.2と同様）．

各$A\in\mathcal{A}$に対して$\tilde{\mu}$を，Aが有限集合のとき$\tilde{\mu}(A)=|A|$（元の個数），それ以外のとき$\tilde{\mu}(A)=\infty$と定めれば，この$\tilde{\mu}$が前測度であることはすぐわかる（練習8.2.1）．

よって，拡張定理8.2.1より，$\tilde{\mu}$は$(S,\sigma[\mathcal{A}])$上の測度μに拡張される．しかし，σ-有限性は成り立っておらず，この拡張は一意的でない．実際，$\{0\}\in\sigma[\mathcal{A}]$について（$\{0\}\notin\mathcal{A}$に注意），$\mu(\{0\})$の値は任意の非負の実数または無限大に定められる．

練習 8.2.1 （拡張定理と一意性）．上の例8.2.1について，

1. $\tilde{\mu}$が有限加法族$(S,\mathcal{A})$上の前測度であることを確認せよ．
2. $\tilde{\mu}$がσ-有限ではないことを確認せよ（ヒント：$\{0\}$に注目）．
3. この例で拡張された測度が一意に定まらないことは，$\tilde{\mu}$がσ-有限でないこととどのように関係しているか．

8.2.3 本質的な例：直線上の「長さ」とはなにか？

それでは，拡張定理の本格的な応用を考えてみましょう．それ

は「長さ」とはなにか，という深い問題です．私たちはすでに，この問題にルベーグ測度という1つの答を与えましたが，今度は拡張定理を用いて，別の方向からこの問題に迫ってみます．

まずは「長さ」をいかにも正しく決められそうな基本的な集合を考えます．それはもちろん「区間」でしょう．さらに，基本的な図形を組み合わせてより複雑な図形を作り，その長さを考えたいはずです．

例えば，区間そのものだけではなく，区間の補集合や，区間と区間の和集合の長さも測りたいでしょう．ということは，「測られるものたち」のとりあえずの目標は，区間のような基本的な図形を含む有限加法族です．これは次のように実現できます．

例 8.2.2 （区間を含む有限加法族）．$\mathbb{R}$上の区間として，$a < b$による$(a, b]$の形のものだけを考えることにする．ただし，$\emptyset$と$\mathbb{R}$自身と$(-\infty, b]$および(a, ∞)も含める．これらの形の区間の有限和集合全体は有限加法族をなす．実際，この集合族は定義より$\emptyset$を含み，区間$(a, b]$の補集合は

$$(a, b]^c = (-\infty, a] \sqcup (b, \infty)$$

より区間の直和になること，および，有限個の区間の和集合は有限個の区間の直和になることから，区間の和集合の補集合も含み，区間の和集合と区間の和集合の和集合も含んでいる．

本章では以下，この$(a,b]$型の区間だけを「区間」と呼ぶことにします．

区間の有限和集合全体の有限加法族を$\mathcal{A}$とします．次はこの$\mathcal{A}$の上に前測度$\tilde{\mu}$を定義しましょう．もちろん区間$(a,b]$の「長さ」としては

$$\tilde{\mu}\left((a,b]\right)=b-a$$

と決めたいでしょう．これを守ったまま$\mathcal{A}$全体に定義できるでしょうか．

それには$\mathcal{A}$の元が$\bigsqcup_{j=1}^{N}(a_j,b_j]$と書けることに注意します．ここで，$-\infty\leq a_1<a_2<\cdots<a_N, b_1<b_2<\cdots<b_N\leq\infty$かつ任意の$j$について$a_j<b_j$で，$b_N=\infty$のときは$(a_N,b_N]=(a_N,\infty)$と解釈します．これに対して，

$$\tilde{\mu}\left(\bigsqcup_{j=1}^{N}(a_j,b_j]\right)=\sum_{j=1}^{N}\tilde{\mu}\left((a_j,b_j]\right)$$

と決めるのが自然でしょう．また，$\tilde{\mu}((a,\infty))$や$\tilde{\mu}((-\infty,b])$の値は∞とします．

この$\tilde{\mu}:\mathcal{A}\to\overline{\mathbb{R}}$は明らかに有限加法性は満たしていますが，唯一の問題は前測度としてのσ-加法性です（定義8.2.1の式(8.1)）．つまり，可算無限個の区間の直和が（たまたま）$\mathcal{A}$に属している場合に，加法性は満たされているでしょうか．

和が無限大になる当たり前のときを除けば，そもそもそんな

場合があるのか，と思った読者もおられるかもしれません．例えば，

$$\left(\frac{1}{2},1\right] \sqcup \left(\frac{1}{4},\frac{1}{2}\right] \sqcup \left(\frac{1}{8},\frac{1}{4}\right] + \cdots = (0,1]$$

です．このような場合に左辺と右辺の$\tilde{\mu}$の値は等しいのか．

しかし，これは$n \to \infty$のとき$1/2^n \to 0$であること（実数の連続性），そして，集合$(1/2^n, 1]$, $(n = 1, 2, \ldots)$を考えれば，測度の上方連続性（定理7.2.4）とまったく同じ証明で，

$$\tilde{\mu}\left(\bigcup_{n=1}^{\infty}\left(\frac{1}{2^n},1\right]\right) = \lim_{n\to\infty}\tilde{\mu}\left(\left(\frac{1}{2^n},1\right]\right) = \lim_{n\to\infty}\left(1-\frac{1}{2^n}\right)$$
$$= 1 = \tilde{\mu}\left((0,1]\right)$$

となります．

実際，この例に限らず一般にもσ-加法性が成り立っています．ただし，これをきちんと証明するのは意外にやっかいで，「可算無限個の区間の直和がたまたま$\mathcal{A}$に属している場合」というものを正確に表し，劣加法性や単調性に対応する性質を用いて$\tilde{\mu}$の値を評価する，といった手続きが必要になります．私たちはこの性質を認めて，$\tilde{\mu}$は前測度であるものとしましょう[注3]．

よって，E.Hopfの拡張定理（定理8.2.1）が使えて，前測度$\tilde{\mu}$

注3　伊藤清三 [5] の §4「有限加法的測度」に，より一般の場合 ($\mathbb{R}^n$ 上の（本書と同じ意味の）区間の有限加法族に対し，単調増加関数で前測度を決める場合) に完全加法的であることの必要十分条件を示した定理と証明がある．

は$(\mathbb{R}, \sigma[\mathcal{A}])$上の測度$\mu$に拡張できます．しかも，

$$\mathbb{R} = \bigcup_{n=1}^{\infty} (-n, n], \quad \text{かつ，任意の} n \text{について}$$

$$\tilde{\mu}((-n, n]) = 2n < \infty$$

なので（σ-有限性），この拡張は一意的です．つまり，この前測度から拡張してできる測度は一通りに定まります．

8.2.4 ルベーグ測度の問題

これで私たちは，直線$\mathbb{R}$上の「長さ」をきちんと数学化した測度μの構成に成功しました．しかし，問題はまだ残っています．私たちは$(a, b]$の形をした区間の有限加法族$\mathcal{A}$上で前測度を作って，それを$\sigma[\mathcal{A}]$の上に拡張したのですが，この$\sigma[\mathcal{A}]$は私たちが「測りたいもの」たちの集合になっているのでしょうか．

私たちが測りたいものがここに含まれていないと困ります．もっと虫のいい希望を言えば，直線上のどんな部分集合でも長さを測れると嬉しいです．つまり，$\sigma[\mathcal{A}]$は$\mathbb{R}$上の最大のσ-加法族でしょうか？

まずは，$\sigma[\mathcal{A}]$に色々なものが入っていることを見てみましょう．

定理 8.2.2. $\mathbb{R}$上の区間からなる有限加法族$\mathcal{A}$から生成されたσ-加法族$\sigma[\mathcal{A}]$は，開区間，閉区間，一点集合を含む．

証明. 任意の開区間 (a, b) について,

$$(a, b) = \bigcup_{n=1}^{\infty} \left(a, b - \frac{1}{2^n}\right]$$

だが, 右辺は区間の可算無限個の和集合なので, $\sigma[\mathcal{A}]$ の元.

任意の閉区間 $[a, b]$ について,

$$[a, b] = \bigcap_{n=1}^{\infty} \left(a - \frac{1}{2^n}, b\right]$$

だが, 右辺は区間の可算無限個の共通部分であり, σ-加法族は共通部分についても閉じているから, これは $\sigma[\mathcal{A}]$ の元.

任意の一点集合 $\{a\}$ について,

$$\{a\} = \bigcap_{n=1}^{\infty} \left(a - \frac{1}{2^n}, a\right]$$

だが, 右辺は区間の可算無限個の共通部分なので, $\sigma[\mathcal{A}]$ の元. □

どうやら, 私たちがすぐに思いつきそうな部分集合は, $\sigma[\mathcal{A}]$ に含まれているようです. では, この測度 μ はどんな部分集合の長さも測れるのでしょうか. さらに言えば, この測度空間 $(\mathbb{R}, \sigma[\mathcal{A}], \mu)$ と第5章で構成したルベーグ測度空間 $(\mathbb{R}, \mathcal{E}, l)$ とはどういう関係にあるのでしょうか.

その答はやや微妙なのですが, 結論を言えば,

ルベーグ測度の方がちょっと良い $(\sigma[\mathcal{A}] \subset \mathcal{E}, \sigma[\mathcal{A}] \neq \mathcal{E})$

のです．第5.2.4節で見たように，ルベーグ測度では測れない集合が存在するのでしたから（ある集合$E \subset \mathbb{R}$について$E \notin \mathcal{E}$），この集合Eは測度μでも測れないことになります（$E \notin \sigma[\mathcal{A}]$）．

Eがμでも測れないことについては，区間の長さから拡張した以上はμは平行移動不変性を持つはずで（きちんと確認はしていませんが），第5.2.4節の証明がμにも通用するだろうことからもっともでしょう．

しかし，この「ちょっと良い」の含意はもっと微妙で，これを正確に説明するには次の概念を用意しておく必要があります．

定義 8.2.3（完備な測度空間）．測度空間$(S, \mathcal{M}, \mu)$の零集合の部分集合が常に可測であるとき（すなわち，$\mu(N) = 0$となるような任意の$N \in \mathcal{M}$に対して，その任意の部分集合$Z \subset N$が$Z \in \mathcal{M}$であるとき），この測度空間は**完備**であると言う．

そして実は，どんな測度空間でも次のちょっとした操作で完備な測度空間にすることができます．簡単に言えば，零集合の部分集合をすべてσ-加法族に追加してしまえばよいのです．

定理 8.2.3（測度空間の完備化）．完備でない測度空間$(S, \mathcal{M}, \mu)$に対し，$\mathcal{M}$に任意の零集合Nの任意の部分集合Zをすべて追加した集合族を$\overline{\mathcal{M}}$とする．すなわち，

$$\overline{\mathcal{M}} = \{B \cup Z \,:\, B \in \mathcal{M}, Z \subset N \in \mathcal{M}, \mu(N) = 0\}$$

とすれば$\overline{\mathcal{M}}$はσ-加法族であり，

$$\overline{\mu}(B \cup Z) = \mu(B)$$

とおけば，$(S, \overline{\mathcal{M}}, \overline{\mu})$は完備な測度空間であって，$\overline{\mu}$は$\mu$から拡張された測度.

以上の準備のもと，次の定理が成立します.

定理 8.2.4. 上で構成した測度空間$(\mathbb{R}, \sigma[\mathcal{A}], \mu)$を完備化した$(\mathbb{R}, \overline{\sigma[\mathcal{A}]}, \overline{\mu})$は，$\mathbb{R}$上のルベーグ測度空間$(\mathbb{R}, \mathcal{E}, l)$に一致する.

この定理より，零集合の部分集合を追加したものがルベーグ測度空間ですから，ルベーグ測度の方が測れるものが多いのですが，その測度の追加分はどうせ0なので，「ちょっと良い」わけです[注4].

この2つの測度空間がほとんど同じものであることは想像がつくでしょうが，ぴったり一致することを証明するのはかなりテクニカルなので省略します．ただし，測度論の応用においては，私

注4　本当に「ちょっと良い」ことを言うには，実際に差があること，つまり$E \in \mathcal{E}$かつ$E \notin \sigma[\mathcal{A}]$である集合$E$の存在を示す必要がある．これはルベーグ非可測集合を用いて比較的容易に構成できる．例えば，ツァピンスキ-コップ[1]の「補遺」を参照.

たちがこの部で構成した$(\mathbb{R}, \sigma[\mathcal{A}], \mu)$[注5]を「ルベーグ測度」として用いれば十分なことも多く，完備化が必要な場合でもルベーグ測度本来の構成との差を意識することはないでしょう．

注5　または，$\mathbb{R}$上の開集合すべての集合族$\mathcal{O}$から生成された$\sigma[\mathcal{O}]$ を$\sigma[\mathcal{A}]$の代わりに使うことが多く，実際これらは一致する．この証明は難しくはないが，「開集合」とはなにか，という位相の知識が前提になる．なお，このσ-加法族をボレル集合族と呼ぶ．

第4部

積分を再発明する
— ルベーグ積分の世界

第9章

ルベーグ積分

9.1 リーマン積分からルベーグ積分へ

9.1.1 積分の復習

測度論の内容は「積分論」や「ルベーグ積分論」と題した講義や専門書で扱われるのが普通です．測度論はその誕生のときから，積分をいかに定義するかという問題とセットなので，測度論の最大の応用先が積分の構築であるのは当然でしょう．

皆さんは高校の数学で積分について学習したはずですね．その内容を簡単に復習しておきましょう．まず第一に，関数$f(x)$のaからbまでの積分$\int_a^b f(x)\,dx$は，x軸と$f(x)$のグラフと2つの直線$x = a, x = b$に囲まれた図形の**面積**でした．この面積を計算するには，この図形を短冊型に細かく切って，その面積を寄せ集める（積分する）のでしたが，このことはあとでまた詳しく見ましょう．

また，積分の範囲を変数として$F(x) = \int_a^x f(t)\,dt$という関数を考えるとFの微分がfになっていて，その意味で積分は微分と逆の関係にあることも習ったはずです．微分するとfになるような関数Fをfの原始関数と呼びますが，原始関数は定数差を除けば一意的で，fの原始関数はfの積分プラス定数の形に書けるのでした．

では，この区間$[a, b]$上の関数$f(x)$の積分$\int_a^b f(x)\,dx$をどう定義したか，おさらいします．高校数学で扱う積分においては，f は連続関数であるか，せいぜい区間ごとに連続なので，ここでは連続関数であることを仮定しましょう．区間も $[0,1]$ としてよいでしょう．

さらに，面積との対応を直観的にするため，この区間で $f(x)$ は0以上の値をとるとします．このとき，積分は $x=0, x=1, y=f(x)$ と x 軸に囲まれた図形の「面積」なのですが，これを計算するアイデアはおなじみの「細かく分けて，寄せ集める」です．

まず，区間 $[0,1]$ を n 等分して，$0=a_0<a_1<\cdots<a_n=1$ とします．つまり，$j=0,1,\ldots,n$ について $a_j=j/n$ ですね．各区間は $j=0,1,\ldots,n-1$ について閉区間 $[a_j,a_{j+1}]$ で，各区間の幅はどれも $1/n$ です．（本来のリーマン積分では幅は n 等分とは限らないのですが，ここでは単純化します．）

問題の図形を各小区間の幅に切り分けます．区間 $[a_j,a_{j+1}]$ の上にある部分の面積を S_j としましょう．すると，この図形は $f(x)$ がこの区間の中でとる最大値 M_j と最小値 m_j を高さとする短冊の間に挟まっていますから，

$$\frac{m_j}{n} \leq S_j \leq \frac{M_j}{n}$$

が成り立っているはずです（図9.1）．

図形全体の面積 S はこの S_j を寄せ集めたものですから，

図 9.1　リーマン積分の基本的な評価

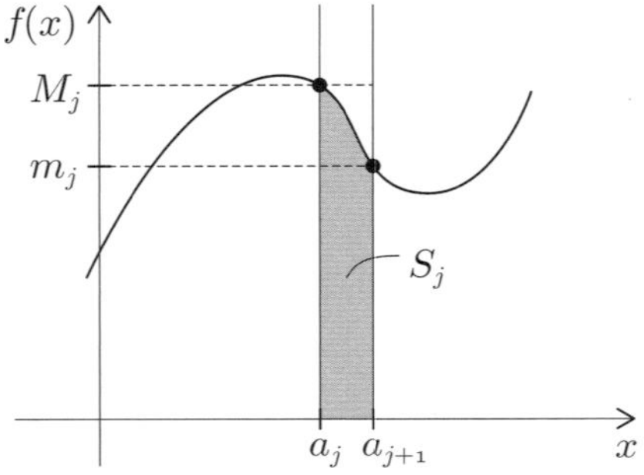

$$\sum_{j=0}^{n-1} \frac{m_j}{n} \leq S \leq \sum_{j=0}^{n-1} \frac{M_j}{n} \tag{9.1}$$

という関係が得られます．

議論のポイントは，$n \to \infty$とすれば，つまり，この分割をどんどん細かくしていけば，この左辺と右辺がどんどん近づいていくだろう，そしてその極限でこの両辺が一致するだろう，ならば両辺に挟まれた面積Sをこの極限でもって

$$S = \int_0^1 f(x)\,dx = \lim_{n\to\infty} \sum_{j=0}^{n-1} \frac{m_j}{n} = \lim_{n\to\infty} \sum_{j=0}^{n-1} \frac{M_j}{n}$$

と定義する，ということです．

ただし，そのためにはfにどのような条件があれば，この極限が存在するのか厳密に議論する必要があります．例えば，fが連続関数である場合には，このことを正しく示すことができます(高校数学では若干，厳密性にあやしいところがありますが)．ま

た，逆にこの両辺の極限が一致するとき，それをもって f の積分である，と定義する方法もあります．

いずれにせよ，これが高校数学や大学初年級の微積分で学ぶ積分の基本的な考え方であり，これから学ぶルベーグ積分に対して**リーマン積分**と呼びます．この考え方は非常に自然ですし，「細かく分けて寄せ集める」という古代ギリシャ時代からのアイデアを直接的に用いたものです．

ルベーグ積分はこのリーマン積分の再発明と言ってもよいでしょう．リーマン積分自体は重要で強力なものではありますが，若干の問題点や弱点があります．そこで，測度論を利用して新たな方法で積分を構成したのが，ルベーグ積分ということになります．

9.1.2 リーマン積分の弱点

では，リーマン積分のどのようなところが問題なのでしょうか．その1つめは，高校数学での微分積分のようにあまり厳密性にこだわらない場合はよいのですが，きちんと示そうとすると面倒な議論や細々とした仮定が必要になることです．

例えば，どのような場合にリーマン積分が可能なのか，という基本的問題すらやさしくありません．また，リーマン積分と極限はどんなときに入れ替えられるのか，つまり，どのような条件の下で関数の列 $f_1(x), f_2(x), \ldots$ について

$$\lim_{n\to\infty}\int_0^1 f_n(x)\,dx = \int_0^1 \lim_{n\to\infty} f_n(x)\,dx$$

のような交換が可能か，といった，解析学の応用の場面でしばしば起こる問題を解決するのもかなりやっかいです．

大学の微分積分でこのような精妙な議論を勉強すると（それが面白いと言う方もいるでしょうが），そこで解析学に挫折してしまう学生が多いようです．しかし，ルベーグ積分においてはこのような問題が非常にすっきりと解決されます．その意味で，**ルベーグ積分はリーマン積分よりやさしい**のです．

2つめの弱点は，上の問題点と関係していますが，リーマン積分を定義できる条件が強いこと，逆に言えば，リーマン積分を定義できる範囲が狭いことです．例えば，典型的なのは次の「本書でもっとも大事な例」（例3.2.2）です．

$$I(x) = \begin{cases} 1 & (x \in \mathbb{Q}\text{のとき}), \\ 0 & (x \notin \mathbb{Q}\text{のとき}). \end{cases}$$

この関数はどんな小さな区間の中でも最小値が0，最大値が1なので，リーマン積分を定義するための基本の関係式(9.1)の左辺と右辺が近づくことはなく，リーマン積分は定義できません．

高校数学の範囲では関数はほとんどいつでも連続で，このような連続性に似たところがまったくない変てこな関数は考えませんが，もちろんこんな関数だっていくらでもあるわけで，むしろ連続関数の方がよほど特別な異常事態なのです．しかし，この f についてもルベーグ積分は可能です．つまり，**ルベーグ積分はリーマン積分より広い**のです．

この「広い」は同じ空間（例えば，$\mathbb{R}$ や区間 $[0,1]$）の上で，より広い範囲の関数が積分できるという意味ですが，ルベーグ積分には他の意味での広さもあります．それは，**測度空間でさえあればどのような空間（集合）の上でも，積分を定義するための準備がすでに整っている**ということです．

一方で，リーマン積分を定義するには，その集合で「区間をどんどん細かくしていく」とはどういうことか，考え直さなければなりません．直線や平面のようなユークリッド空間なら簡単でしょうが，高度な数学を研究していくと，もっと多様な集合や空間に出会います．このような場合にリーマン積分は具体的すぎることが弱点になります．

例えば，積分 $\int f(x)\,dx$ と和 $\sum f(x_j)$ は異なるように見えますが，ルベーグ積分の枠組みでは後者はディラック測度（例 6.3.6，練習 6.3.1）に関する積分に他ならないので，どちらも積分です．簡単なことですが，これもルベーグ積分の抽象化による威力の1つです．

9.1.3 高さをコントロールする
— ルベーグ積分のアイデア

それでは，ルベーグ積分の世界に入っていきましょう．ルベーグ積分の最大のポイントはもちろん，測度論の上に組み立てられている，ということですが，測度空間の上で積分を定義するアイデアを一言で言えば，「横に切って高さをコントロールする」です．

リーマン積分の定義を思い返してみると，区間の上の関数について，x 軸と関数のグラフで囲まれた図形を，区間を分割することによって細い短冊形に縦切りするのでした．このアプローチの主要な問題は短冊の高さ，つまり，この小区間での関数の最大値と最小値のふるまいを制御することです．

一方，ルベーグ積分ではこの図形を横に切り，高さを手がかりにして基本図形を作ります．正確に書くために，再び区間 $[0,1]$ 上の関数 $f(x)$ を考えましょう．簡単のために，また $f(x)$ の値は 0 以上の有限値としておきます．私たちは x 軸と f のグラフに囲まれた図形の面積を計算したいと思っています．

ここで x 軸ではなく y 軸の方を $y_0 < y_1 < y_2 < \ldots$ のように分割し，関数 $f(x)$ に対して，$y_j \leq f(x) < y_{j+1}$ となるような x の範囲を考えます．つまり，

$$A_j = \{x \in [0,1] : y_j \leq f(x) < y_{j+1}\}$$

で定まる集合A_jですね．そして，底辺がA_jで高さがy_jやy_{j+1}の図形を基本にするのです．（図9.2）．

図 9.2　ルベーグ積分の基本的な評価

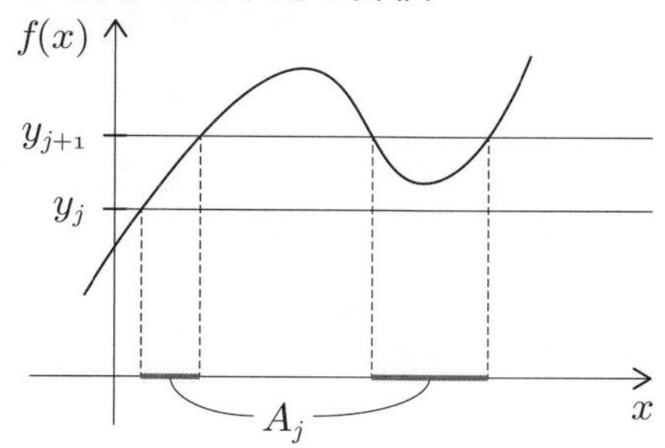

それだけかとお思いになるでしょうが，ここに大きな違いが生まれてくるのです．リーマン積分の場合は底辺が常に区間ですが，上の集合A_jは区間とは限らず，複雑な図形になってしまうかもしれません．それだけを考えると不利に思えますが，実は大きな利点があるのです．それは，**関数$f(x)$の値の大きさがコントロールされている**，ということです．

一方でリーマン積分の場合は，短冊１つ１つの中で$f(x)$がどんな値をとるのか，特に最大値と最小値がどんなふるまいをするのか，いつも気にしていなければなりません．それに比較して，横切りの場合は切った段階で自動的に関数の値の大きさが制御されているのです．

では，その切り口A_jの複雑さはどうするのでしょうか．そこで登場するのが測度論です．この関数$f(x)$の定義域が測度空間ならば，A_jが可測でさえあればよいのです．つまり，切り口が可測になるような関数が「良い関数」であって，積分が可能な関数ということになるわけです．そして大抵の場合，この制限は非常にゆるく，大抵の関数は積分できることになります．

つまり，ルベーグ積分においては，関数の値が上下するふるまいを手なずけるという一番やっかいな課題を，定義域の空間の測度論で回収して抽象的に解決してしまうのです．

9.2 ルベーグ積分の構成

9.2.1 可測関数

第9.1.3節で見た，ルベーグ積分を考えることのできる「良い関数」を正確に定義して，その性質を見ましょう．私たちは関数が∞や$-\infty$の値をとることも許すことにします．つまり，終域は$\mathbb{R}$にこれら無限大の値を追加した$\overline{\mathbb{R}}$です（3.1.1節）．

定義 9.2.1 （可測関数）．$(X, \mathcal{M})$を可測空間とするとき，関数$f : X \to \overline{\mathbb{R}}$が可測である，または可測関数であるとは，任意の$\lambda \in \mathbb{R}$について

$$\{x \in X \,:\, f(x) < \lambda\} \in \mathcal{M} \tag{9.2}$$

であること，すなわちこの集合が可測であること．

第9.1.2節で「ルベーグ積分はリーマン積分より広い」と言った以上は，広い範囲の関数が可測になるべきですが，この定義からわかるように，実際のところそれは$\mathcal{M}$次第です．例えば，極端な場合として自明なσ-加法族$\mathcal{M}_0 = \{\emptyset, X\}$だったなら，可測な関数はすべての$x$に対し，ある1つの値$a \in \overline{\mathbb{R}}$をとる定数関数$f(x) = a$以外にはありえません．

しかし，ルベーグ測度空間$(\mathbb{R}, \mathcal{E}, l)$のような場合は，そもそもルベーグ可測でない集合を構成するのが難しいくらい広い範囲の集合を含んでいるので，大抵の関数が可測関数になります．

この場合に連続関数（3.2.4節）が可測であることを確認するのは簡単です．なぜなら，連続関数とは開集合を開集合に引き戻すのでしたが，$(-\infty, \lambda)$は開集合なのでこれを引き戻した$\{x : f(x) < \lambda\}$も開集合で，したがって$\mathcal{E}$の元です．

大抵の場合に可測関数が十分に広い範囲をカバーすることを感じていただくために，簡単にわかる性質をいくつか挙げておきましょう．

まず，上の定義から$\{x : f(x) < \lambda\}$が可測だとしても，fから作られる他のタイプの集合はどうでしょうか．$\mathcal{M}$はσ-加法族であり，補集合の操作について閉じていますから，$\{x : f(x) \geq \lambda\}$も可測です．

さらに共通部分の操作について閉じていることも使えば，

$$\bigcap_{n=1}^{\infty} \left\{ x : f(x) < \lambda + \frac{1}{n} \right\} = \{x : f(x) \leq \lambda\}$$

なので，$\{x : f(x) \leq \lambda\}$も可測です．よって，その補集合の$\{x : f(x) > \lambda\}$も可測ですし，$\{x : f(x) = \lambda\}$も可測です．

さらに，これらを使うと区間Iについて$\{x : f(x) \in I\}$も可測です．このように，σ-加法族の性質から，fの値の大小関係で作られる集合もすべて可測になります．

また，2つの可測関数f, gで決まる，$\{x : f(x) < g(x)\}$も可測です．これを示すのはちょっとトリッキーですが，有理数全体$\mathbb{Q}$が可算集合であることから言えます．$\mathbb{Q} = \{q_1, q_2, \ldots\}$と番号を付けておいて，

$$\begin{aligned} \{x : f(x) < g(x)\} &= \bigcup_{n=1}^{\infty} \{x : f(x) < q_n < g(x)\} \\ &= \bigcup_{n=1}^{\infty} (\{x : f(x) < q_n\} \cap \{x : q_n < g(x)\}) \end{aligned}$$

とできるからです．これから$\{x : f(x) \leq g(x)\}, \{x : f(x) = g(x)\}$が可測集合であることも簡単に導かれます．

可測関数の条件の不等式について見ましたが，可測関数自体はどうでしょうか．まず，$f : X \to \overline{\mathbb{R}}$が可測関数ならその定数倍$af$という関数，正確に書けば，ある（0 でない）実数$a \in \mathbb{R}$に対し，

$$x \mapsto af(x) \quad \text{（この右辺は}a\text{と}f(x)\text{の積）}$$

という対応で$(af) : X \to \overline{\mathbb{R}}$を定めた関数も，また可測です．$\{x : af(x) < \lambda\} = \{x : f(x) < \lambda/a\}$ですから，これは明らかですね．同様に，定数を足した関数$f + a$ももちろん可測です．

さらに，f, gがそれぞれ可測関数なら，実数$a, b \in \mathbb{R}$に対し，$af + bg$という関数，正確に書けば，

$$x \mapsto af(x) + bg(x)$$

という対応で決まる関数$(af + bg) : X \to \overline{\mathbb{R}}$もまた可測関数になります（ちなみに，このように定数を関数にかけて足し合わせたものを線形結合と言い，大事な概念です）．これは，上で見た2つの関数の大小関係で決まる集合が可測であること，および，

$$\{x : af(x) + bg(x) < \lambda\} = \left\{x : f(x) < \frac{\lambda}{a} - \frac{bg(x)}{a}\right\}$$

のような変形からただちにわかります．

他にも，f, gの積fgや，商f/gも可測であることが同様に示せます（商については0での除算と∞/∞を除きます）．このように関数が可測であるという条件は，（$\mathcal{M}$次第ではあるとは言え）非常に自由なものです．

ルベーグ積分を定義するとき大事になるので，最後にもう1つだけ，fが可測なら絶対値$|f|$，正確に言えば，

$$x \mapsto |f(x)|$$

で決まるような関数$|f|: X \to \overline{\mathbb{R}}$も可測であることを確認しておきます.

まず，fから決まる次の2つの関数$f^+, f^- : X \to \overline{\mathbb{R}}$を用意します.

$$f^+(x) = \max\{f(x), 0\}, \quad f^-(x) = -\min\{f(x), 0\} \qquad (9.3)$$

つまり，$f(x)$と0の大きい方（同じ大きさの場合もあるので正確に言えば，小さくない方）が$f^+(x)$で，小さい方（大きくない方）のマイナスをプラスに引っくり返したものが$f^-(x)$です.

当然ながらこれによって，f^+もf^-も常に非負の値をとりますし，fが可測関数ならf^+もf^-も可測であることがすぐわかります.

このf^+, f^-を使えば，fは$f(x) = f^+(x) - f^-(x)$のように差に分解され，fの絶対値$|f|$は$|f(x)| = f^+(x) + f^-(x)$のように和に分解される，というところが味噌です．このことから$|f|$は可測関数の和なので，やはり可測だということもわかりました.

さらに可測の性質は極限の操作でも保たれます．つまり，$f_1(x), f_2(x), \ldots$という可測関数の列について，どの点においても$f_n(x) \to f(x)$になること，つまり，任意の$x \in X$について，$\lim_{n\to\infty} f_n(x) = f(x)$となっていることを，関数列$f_n$が$f$に**各点収束**する，と言います．ちなみに，ある関数に関数の列が収束することには色々な意味がありうるのですが，この各点収束はもっとも簡単で基本になる収束概念です.

各f_nが可測関数で，これらがfに各点収束するならfも可測になります．これを確認する道筋で，次の上限，下限，上極限，下極限，極限がまとめてすべて可測になることがわかります.

$$\sup_{n\geq 1} f_n(x), \quad \inf_{n\geq 1} f_n(x),$$
$$\limsup_{n\to\infty} f_n(x), \quad \liminf_{n\to\infty} f_n(x), \quad \lim_{n\to\infty} f_n(x)$$

（もちろんそれぞれの関数は各点の意味，例えば，$\sup f_n$なら

$$\sup_{n\geq 1} f_n : x \mapsto \sup\{f_n(x) : n \geq 1\}$$

で定義される関数です.）

まず，$\sup f_n$については，任意の$\lambda \in \mathbb{R}$について

$$\{x : \sup_{n\geq 1} f_n(x) > \lambda\} = \bigcup_{n=1}^{\infty} \{x : f_n(x) > \lambda\}$$

より可測で，$\inf f_n = -\sup(-f_n)$も可測です.

よって，$\limsup f_n = \inf_{n\geq 1}(\sup_{j\geq n} f_j)$も可測，$\liminf f_n$も同様に可測です．lim は lim sup と lim inf が一致する場合ですから，（存在すれば）これも可測です.

このように可測関数は非常に自由でゆるやかであり，これがルベーグ積分の強力さの秘密の1つです.

9.2.2 単関数とその積分

では，これから可測関数の（ルベーグ）積分を定義していきます．その戦略は，まず簡単で基本的な関数に対して積分を定義しておき，一般の可測関数の積分はそれらで近似する，という二段構えです．

もっとも簡単な可測関数はもちろん，可測集合 $A \in \mathcal{M}$ に対して

$$\mathbf{1}_A(x) = \begin{cases} 1 & (x \in A \text{のとき}), \\ 0 & (x \notin A \text{のとき}) \end{cases}$$

と決めた関数でしょう．これは集合 A の**定義関数**，指示関数，または特性関数[注1]などと呼ばれる関数で，数学のあちこちに出てくるため色々な呼ばれ方をしています．その記号も $\mathbf{1}_A(x)$ の他に $I_A(x), \chi_A(x)$ と色々使われますが，本書では定義関数という名前と，記号 $\mathbf{1}_A$ を採用しましょう．

次に基本的な可測関数は，可測集合の定義関数の線形結合でしょう．つまり，ある $N \in \mathbb{N}$ と可測集合 $A_1, \ldots, A_N \in \mathcal{M}$ と $c_1, \ldots, c_N \in \overline{\mathbb{R}}$ に対し，

$$f(x) = \sum_{n=1}^{N} c_n \mathbf{1}_{A_n}(x) = c_1 \mathbf{1}_{A_1}(x) + \cdots + c_N \mathbf{1}_{A_N}(x) \tag{9.4}$$

注1　「特性関数（characteristic function）」の語は，確率論では分布関数のフーリエ変換を指すなど，分野によって異なる意味で用いられているので要注意．

ですね．これを**単関数**と呼びます．

ただし，1つ微妙な注意点があります．それは単関数の表現が一意的でないことです．定義域の各元に対して同じ値をとるという意味でまったく同じ単関数を，色々に表現できてしまいます．例えば，次の2つの表現は同じ関数を意味しています．

$$\mathbf{1}_{[0,1)}(x) + 2 \cdot \mathbf{1}_{[1,2]}(x) = \mathbf{1}_{[0,2]}(x) + \mathbf{1}_{[1,2]}(x).$$

これから上式(9.4)に対し，c_nやA_nを使って積分を定義したいのですが，同じ関数の他の表現が同じ積分になるか，という問題が現れてしまいます．以前にも出会った“well-definedness”の問題ですね．そう定義するのは勝手だが，それで「良い定義」になっているのか，特に，一意的に定まっているのか．

今の場合は，これを事前に解消するために，可測集合$A_1, \ldots, A_N$を共通部分のないものに限っておくのが便利でしょう．しかし，そうすると単関数を利用する自由度が下がってしまうのが嬉しくありません．そこで，一般には上式(9.4)には制限をおかないが，いつでもその標準形として共通部分のない可測集合に書き直して（私たちにはおなじみのトリックです），“well-definedness”をチェックできる，と認識しておくことにしましょう．

さて，では単関数の積分を次で定義します．

定義 9.2.2 (単関数の積分). 測度空間 $(X, \mathcal{M}, \mu)$ 上で定義された単関数 $f : X \to \overline{\mathbb{R}}$ が上式 (9.4) で書かれているとき，その積分 $\int_X f(x)\mu(dx)$ を次で定義する.

$$\int_X f(x)\,\mu(dx) = \sum_{n=1}^{N} c_n\,\mu(A_n). \tag{9.5}$$

リーマン積分のときに短冊を寄せ集めたように，可測集合の (測度) × (高さ) を寄せ集めたわけですね.

ここで，積分の記法“$\mu(dx)$”を奇異に思われた読者もいるかもしれません. 測度 μ に x の微分（？）“dx”を代入するとはどういうことなのか，と. それなりに理由はあるのですが，単なる記号だと思ってください. なお，x などの変数名を意識しないで済むときは，$\int_X f\,d\mu$ と書くこともあります.

9.2.3 可測関数を単関数で近似する

私たちの方針は，一般の可測関数を単関数で近似して，その単関数の積分で一般の可測関数の積分を近似するのでした.

まず，技術的な理由から非負の可測関数だけを考えます. $(X, \mathcal{M}, \mu)$ を測度空間，$f : X \to \overline{\mathbb{R}}$ を可測関数とし，任意の $x \in X$ について $f(x) \geq 0$ と仮定しておきます. さらに，簡単のため本節では，定義域 X 全体の上での積分だけを考えます. これらの制限は次節で外すことにしましょう.

さて，では第 9.1.3 節で見た「縦軸を切る」のアイデアです. このfはいくらでも大きな値や無限大の値もとるかもしれないので，縦軸，つまり関数fの高さR以上はまとめて値Rで近似します．そして，0からRまでの区間を$0 = y_0 < y_1 < \cdots < y_N = R$のように分割し，どの小区間に入っているかに従って，その小区間でのfをその区間での下端のfの値で近似します（9.1.3節のアイデア．図9.2参照）．

具体的に書けば，縦軸の区間を$B_n = [y_n, y_{n+1}), (n = 0, 1, \ldots, N-1)$と$B_N = [R, \infty) \cup \{\infty\}$とし，$n = 0, 1, \ldots, N$に対して，

$$\tilde{f}(x) = y_n, \quad (f(x) \in B_n \text{のとき}) \tag{9.6}$$

で決まる関数$\tilde{f}$です．

$f(x)$は可測関数ですから，$A_n = \{x \in X : f(x) \in B_n\}$はどれも可測集合です．よって，この$\tilde{f}$は次のように書ける単関数でもあります．

$$\begin{aligned}\tilde{f}(x) &= \sum_{n=1}^{N} y_n \cdot \mathbf{1}_{A_n}(x) \\ &= 0 \cdot \mathbf{1}_{A_0}(x) + y_1 \cdot \mathbf{1}_{A_1}(x) + y_2 \cdot \mathbf{1}_{A_2}(x) + \cdots + R \cdot \mathbf{1}_{A_N}(x).\end{aligned}$$

この単関数$\tilde{f}$は決め方からして，常に$0 \leq \tilde{f}(x) \leq f(x)$ですが，天井の$R$が十分大きく，かつ，$[0, R)$の分割数$N$も十分に大きく分割が十分細かくなっていけば，下側からfにいくらでも迫っていくでしょう．

そこで，目的の f の積分を単関数 $\tilde{f}$ の積分

$$\int_X \tilde{f}(x)\,\mu(dx) = \sum_{n=1}^{N} y_n\,\mu(A_n)$$

で近似しよう，というのがアイデアです．

これを厳密に行う方法には大きく2つの流儀があります．かっこいいのは，f 以下のあらゆる単関数の積分の上限（sup）を f の積分とする，と言い切ってしまう方法でしょう．これは抽象的で数学者好みですし，多くの積分の性質が抽象的な議論で導ける利点があります．

もう1つは，f に下から単調増加して目的の関数に近づいていく単関数の列を用意し，その積分の極限で定義する方法です．やはり初学者にとっては，具体的に f を近似する関数を作って議論する方が直観的でわかりやすいのではないでしょうか．私たちはこちらの方法でいきましょう．

今，目的の可測関数 $f : X \to \overline{\mathbb{R}}$ に対して，単関数の列 $f_1, f_2, \ldots$ で，次の2つの性質を持つものがあったとします．

1. （各点収束）任意の $x \in X$ で数列 $\{f_n(x)\}_n$ は $f(x)$ に（無限大に発散する場合も込めて）収束する，つまり，

$$\lim_{n\to\infty} f_n(x) = f(x).$$

2. （単調増加）任意の $x \in X$ で数列 $\{f_n(x)\}_n$ は単調に増加す

る，つまり，

$$f_1(x) \le f_2(x) \le f_3(x) \le \cdots$$

このような単調に増加しながらfに各点収束するような単関数の列$\{f_n\}$を用いて，fの積分をf_nの積分の極限で次のように定義します．

$$\int_X f(x)\,\mu(dx) = \lim_{n\to\infty} \int_X f_n(x)\,\mu(dx).$$

この右辺は$f_n(x)$が単調増加していることから，積分の値としても単調に増加している値の極限なので，(無限大まで込めれば) 単調増加する実数列が極限を持つことから確かに存在していて (3.1.3節)，これをもって左辺が定義できます．

ただしこれは，どんな可測関数fについても，「単調増加して各点収束する単関数の近似列がとれる」と仮定しての話なので，これを保証しなければなりません．以下ではこれを具体的な構成で示します．

与えられた可測関数fに対し，「天井」をn，そして0からnまでの区間を$n2^n$等分して（なぜ$n2^n$等分なのかはあとでわかります)，次のように可測関数の列$f_1(x), f_2(x), \ldots$を作ります．

$$f_n(x) = \begin{cases} n & (f(x) \ge n \text{のとき})\,, \\ \frac{k}{2^n} & (\frac{k}{2^n} \le f(x) < \frac{k+1}{2^n}, k = 0, 1, \ldots, n2^n - 1 \text{のとき}) \end{cases} \tag{9.7}$$

こうすると，$f(x) < \infty$ である x については，十分大きな n で $|f(x) - f_n(x)| < 1/2^n$ より $n \to \infty$ のとき $f_n(x) \to f(x)$ ですし，$f(x) = \infty$ である x については $f_n(x) = n \to \infty$ ですから，目的の関数 f に近づいていく近似列になっています．

しかも，各点で単調に増加していること，つまり，$f_1(x) \leq f_2(x) \leq f_3(x) \leq \cdots$ となっていることに注意してください．これを保証するために $n2^n$ 等分したのです．この分割の幅は $1/2^n$ ですから，f_n から f_{n+1} へと1ステップ進むと各小区間が2つに分けられるだけで，つまり高さの分割が「入れ子」になっていて，常に $f_n(x) \leq f_{n+1}(x)$ なのですね（図9.3）．

図 9.3　区間の細分化と近似

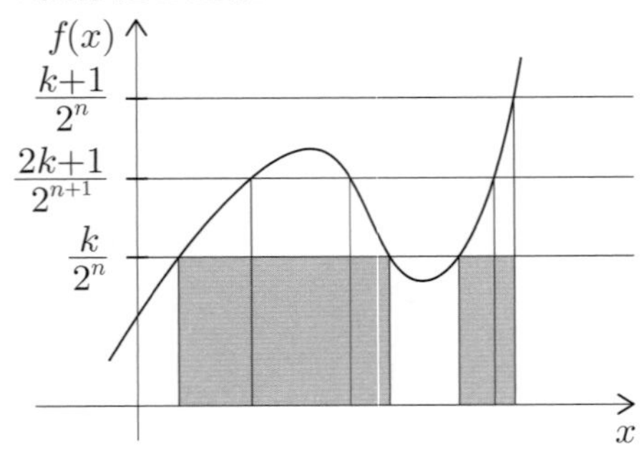

このとき，$A_k = \{x \in X : f(x) \in [\frac{k}{2^n}, \frac{k+1}{2^n})\}$ によって（最後の A_{n2^n} は $A_{n2^n} = \{x \in X : f(x) \in [n, \infty) \cup \{\infty\}\}$），

$$f_n(x) = \sum_{k=0}^{n2^n} \frac{k}{2^n} \cdot \mathbf{1}_{A_k}(x)$$

ですから，もちろんこれは単関数で，上で確認したように単調増加して f に各点収束します.

これで，どんな可測関数 f についても単調増加して各点収束する単関数の列が少なくとも1つ作れることになりますから，f の積分が定義できるわけです.

ただし，この積分が単関数の近似列の具体形に依存してしまっている，という問題があります．ひょっとすると，同じ f に対して別の近似列をとってくると，積分の値が変わってしまうかもしれません（直観的には同じ値になることはほぼ明らかなのですが).

これは単関数自体の表現に関するところでも述べた"well-definedness"の問題で（9.2.2節），論理的には問題がなくても，これだけでは良い定義になっているとは言えませんね．そこで，「f に各点収束する単調増加列 $\{f_n\}$ としてどんなものを選んでも同じ積分になる」ことを示さねばなりません.

これは具体的な構成方法をとったことの代償です．厳密にこれを示すのは難しくはないもののやや面倒ですし，直観的にはもっともなことでもありますので，私たちは"well-definedness"の問題があることは認識しておいて，その証明は省略することにしましょう[注2].

9.2.4 一般の積分

前節では，測度空間$(X, \mathcal{M}, \mu)$から$\overline{\mathbb{R}}$への可測関数$f : X \to \overline{\mathbb{R}}$の$X$全体の上での積分だけを考えました．しかも，$f$が非負の場合だけにしか定義しませんでした．本節ではこれらの制限を順番に外しましょう．

まず，非負の可測関数fを定義域の可測な部分集合$E \subset \mathcal{M}$の上で積分する，つまり，$\int_E f(x)\mu(dx)$を定義しましょう．それには，$f(x)$にEの定義関数$\mathbf{1}_E(x)$をかけて，

$$\int_E f(x)\,\mu(dx) = \int_X \mathbf{1}_E(x) f(x)\,\mu(dx)$$

と定義するのが一番シンプルな方法でしょう．

他の方法としては，最初から定義関数$\mathbf{1}_A$の積分を$\mu(A)$ではなく$\mu(A \cap E)$と定義して前節の議論をするという方法や，そもそも測度空間$(X, \mathcal{M}, \mu)$をEに制限して新たな測度空間$(E, \mathcal{M}', \mu')$を作るという方法がありますが，本質的には同じことです．

本書では次章以降，主に空間X全体の上での積分しか考えませんが，いつでも上のような手続きによって可測集合$E \in \mathcal{M}$上の積分$\int_E$が考えられて，同様の性質が成り立ちます．

注2　例えば，伊藤清三[5]の§12「積分の定義と性質」に詳しい証明があるので興味のある読者は参照されたい．

例として，「本書でもっとも大事な例」（例3.2.2） $I(x) = \mathbf{1}_Q(x)$ を $[0,1]$ 上で積分してみましょう．測度空間はルベーグ測度空間 $(\mathbb{R}, \mathcal{E}, l)$ とします．このとき，

$$\int_{[0,1]} \mathbf{1}_{\mathbb{Q}}(x)\, l(dx) = 1 \cdot l(\mathbb{Q} \cap [0,1]) = 1 \cdot 0 = 0.$$

第9.1.2節（「リーマン積分の弱点」）で見たように，この関数のリーマン積分は存在しません．しかし，ルベーグ積分は可能なのです．当たり前ではないかと思われるかもしれませんが，高さをコントロールするというアイデアと測度の概念を見事に組み合わせた結果であることを鑑賞してください．

次は非負の制限を外して，f は負の値もとりうる一般の可測関数であるとしましょう．このときには，第9.2.1節で可測関数の絶対値が可測関数であることを確認するのに使った，式(9.3)の f^+ と f^- を使います．

f は $f = f^+ - f^-$ と分割できるのでした．この f^+, f^- はどちらも非負の可測関数ですから，すでに積分が定義されています．これらを用いて，f の積分を次のように定めます．

$$\int_X f(x)\,\mu(dx) = \int_X f^+(x)\,\mu(dx) - \int_X f^-(x)\,\mu(dx). \tag{9.8}$$

ただし，$\infty - \infty$ になってしまったらどうするのか，という問題があります（無限同士の演算については第3.1.1節参照）．また，非負関数の積分値が無限大になっても定義上はかまわないのです

が，通常は好ましくありません．上の問題を回避するためにも，絶対値の積分が有限の値になる，つまり，

$$\int_X |f(x)|\,\mu(dx) < \infty$$

という条件が有用です．

この条件を満たすとき，f は **μ-可積分**であるとか，単に可積分である，または**積分可能**である，などと言います．絶対値 $|f|$ は非負関数 f^+ と f^- の和なので，非負関数の単関数近似による積分の構成より，f が可積分なら，これらもそれぞれ可積分であることがわかります．よって，これらの積分を用いて f の積分が式 (9.8) で定義される，ということになります．

9.2.5　ルベーグ積分の基本的な性質

前節で積分が定義されましたが，これがどのような性質を持っているか調べる必要があります．これも積分の定義同様に，次の手続きをとります．

1. 単関数で性質が成り立っていることを確認する（単関数なのでほぼ明らか）
2. 単調増加な単関数の列の収束先である関数について，その性質が保たれることを確認する（単調増加列の収束の性質から大体明らか）

この方法は面倒ではありますがやさしく，一般性があります．面倒だけどやさしい，という雰囲気を知るには実例を見るのが一番でしょう．

f, gが可積分な関数であるとき，定数$a, b \in \mathbb{R}$についてその線形結合である$af + bg : x \mapsto af(x) + bg(x)$という関数も可積分で，

$$\int_X (af(x) + bg(x))\,\mu(dx) = a\int_X f(x)\,\mu(dx) + b\int_X g(x)\,\mu(dx)$$

が成り立ちます．これを「積分の線形性」と言います．成り立つことを確認するには，まず単関数について正しいことをチェックします．

当然，正しいだろうと思うところですが，単関数

$$f(x) = \sum_{n=1}^{N} a_n \mathbf{1}_{A_n}(x), \quad g(x) = \sum_{m=1}^{M} b_m \mathbf{1}_{B_m}(x)$$

について成り立つことをチェックするのもけっこう面倒です．

と言うのも，A_nたちとB_mたちがどれも共通部分を持たなければ簡単ですが，そうでない一般の場合が問題です．集合の直和に切り分けるという常套手段を使えばよいものの，記号で具体的に書くとけっこう面倒なことになります．これが「明らかなのに面倒」なところです．

一番簡単な場合として，A, Bを共通部分を持つかもしれない可測集合として，$f = \mathbf{1}_A, g = \mathbf{1}_B$のときは，

$$
\begin{aligned}
f(x)+g(x) &= \mathbf{1}_A(x)+\mathbf{1}_B(x)\\
&= \mathbf{1}_{A\setminus B}(x)+2\cdot\mathbf{1}_{A\cap B}(x)+\mathbf{1}_{B\setminus A}(x)
\end{aligned}
$$

と切り分けることになります．

測度μの加法性より，

$$
\begin{aligned}
&\int_X (f(x)+g(x))\,\mu(dx)\\
&= \int_X (\mathbf{1}_{A\setminus B}(x)+2\cdot\mathbf{1}_{A\cap B}(x)+\mathbf{1}_{B\setminus A}(x))\,\mu(dx)\\
&= \mu(A\setminus B)+2\mu(A\cap B)+\mu(B\setminus A)\\
&= (\mu(A\setminus B)+\mu(A\cap B))+(\mu(A\cap B)+\mu(B\setminus A))\\
&= \mu(A)+\mu(B)\\
&= \int_X \mathbf{1}_A(x)\mu(dx)+\int_X \mathbf{1}_B(x)\mu(dx)\\
&= \int_X f(x)\mu(dx)+\int_X g(x)\mu(dx)
\end{aligned}
$$

一般の単関数の場合は……省略しますが，特に問題はないでしょう．

そして，次は単関数の単調増加列の極限を考えます．ここでは面倒なので，f, gは非負の可測関数で，$a, b > 0$としましょう．このとき，それぞれ単調増加して各点収束する非負の単関数の列$\{f_n\}, \{g_n\}$を

$$
\lim_{n\to\infty} f_n(x)=f(x),\quad \lim_{n\to\infty} g_n(x)=g(x),
$$

のようにとれば，$\{af_n(x) + bg_n(x)\}$は可測関数$af + bg$に単調増加して各点収束する単関数の列ですから，$af + bg$の積分の定義より，

$$\int_X (af(x) + bg(x))\,\mu(dx) = \lim_{n\to\infty} \int_X (af_n(x) + bg_n(x))\,\mu(dx)$$

ですが，右辺の積分は単関数の積分についての線形性が使えて，

$$\begin{aligned} &= a \lim_{n\to\infty} \int_X f_n(x)\,\mu(dx) + b \lim_{n\to\infty} \int_X g_n(x)\,\mu(dx) \\ &= a \int_X f(x)\,\mu(dx) + b \int_X g(x)\,\mu(dx). \end{aligned}$$

上の戦略を使って示せる基本的な性質をもう1つ挙げましょう．共通部分を持たない可測集合$A, B \subset X$に対して，可測関数$f : X \to \overline{\mathbb{R}}$が$A$上でも$B$上でも可積分なら，$A \sqcup B$上でも可積分で，

$$\int_{A\sqcup B} f(x)\mu(dx) = \int_A f(x)\mu(dx) + \int_B f(x)\mu(dx).$$

これが成り立つことを，上の一般的な戦略をなぞって確認してみてください．ほとんど自動的でやさしいのですが，もし書き下せばけっこう面倒だな，ということもおわかりいただけるかと思います．

他に重要な積分の性質の1つは，当たり前のようではありますが，任意の$x \in X$について$f(x) \leq g(x)$ならば，積分についても

$\int_X f(x)\mu(dx) \leq \int_X g(x)\mu(dx)$ となることです．

これは上で示した線形性を早速使って，$h(x) = g(x) - f(x)$ を考えれば，X 上で非負の可測関数 $h(x)$ について $\int_X h(x)\mu(dx) \geq 0$ が成立することと同じですから，単関数による近似で簡単に示せますね．

もちろん，逆に積分値に大小関係があっても，関数の大小関係は言えません．積分が正になる部分と負になる部分が打ち消しあうからです．また，$\int_X |f(x)|\mu(dx) = 0$ だったとしても，X 上で常に $f(x) = 0$ とも限りません．零集合（6.1.2節）の上でどんな値をとっても積分は0だからです．

このように積分の理論を考えていく上では，零集合の上で起こっていることは無視すべきであることが多いのです．例えば，2つの関数 f と g の値が異なる点の集合 $\{x \in X : f(x) \neq g(x)\}$ が零集合なら，f と g は実質的に等しいと考えるべき場合があります．

このようなときには，$f(x)$ と $g(x)$ は**ほとんどいたるところ（almost everywhere）**で等しい，という言い方をして，

$$f = g \quad \text{a.e.} \quad \text{とか} \quad f(x) = g(x) \quad \mu\text{-a.e.}$$

などと書きます．つまり，“μ-a.e.”とは「（測度 μ での）零集合上の差異を除いて」の意味です．ルベーグ積分の理論はこの“a.e.”の違いを無視するという意味で，「ほとんどいたるところ」の理

論である，とも考えられるでしょう．

さらに，最後に挙げるべき重要な性質は，リーマン積分との関係です．ルベーグ積分はリーマン積分よりも広い範囲の関数を積分できますが，これがリーマン積分の拡張になっていなければ価値が半減してしまいます．

つまり，リーマン積分が可能なときはルベーグ積分に一致してほしい，ということです．これは「グラフの下の面積」の直観からすれば当然期待されることですが，もちろん証明が必要です．

それには，リーマン積分の近似で用いた短冊も単関数だ，と認識することが本質です．しかも，ルベーグ積分で縦軸を 2^n 分割したように，横軸にもこの方法を用いれば，

$$f_1(x) \leq f_2(x) \leq \cdots \leq f(x) \leq \cdots \leq g_2(x) \leq g_1(x)$$

のように上から下から単調に各点収束する単関数の列がとれます．これより，リーマン積分可能ならルベーグ積分の意味でも両辺が同じ積分に収束していることが示されます．

ただし，私たちのルベーグ積分の定義では，下から単調増加して各点収束する単関数の列だけを用いたので，少々工夫が必要です．そこで大抵の教科書では，本書では次章で扱う収束定理の準備を済ませてから，例えば，「有界収束定理より明らか」とするのが定番になっています．

その意味で，本節の冒頭に述べた手続きは，次のように単純化

かつ一般化されます．つまり，

1. 目的の関数 f に収束する扱いやすい近似列 $\{f_n\}$ を作る
2. f_n について成立することを示す
3. ルベーグ積分の色々な収束定理より，収束先 f についても成立

という戦略です．収束定理の条件は非常にゆるやかなので，細かく気を使う必要がないのが嬉しいところです．

この戦略はプロの解析学者たちが日常的に使っているもので，その意味ではルベーグ積分の最大の御利益だと言っても過言ではないでしょう．では，次の章ではまずこの色々な収束定理を見ましょう．

第10章

ルベーグ積分の御利益の色々

10.1　収束定理の色々

10.1.1　単調収束定理

ルベーグ積分の最大の御利益は一群の収束定理でしょう．これらの定理は主に，関数の列 $f_1, f_2, \ldots$ に対して，ある条件のもとでその積分 $\int f_n \, d\mu$ と極限操作 $\lim f_n$ が，

$$\lim_{n\to\infty} \int_X f_n \, d\mu = \int_X \lim_{n\to\infty} f_n \, d\mu$$

のように交換できることを保証するものです．

解析学では調べたい対象に収束するような近似列をとり，近似について成り立つことがその極限でも成り立つ，という議論をすることが非常に多いです．したがって，収束定理が簡単に使えると大変に便利なのです．

もちろん，リーマン積分にもこれと同様の主張をする定理群はありますが，そのどれにもかなり強い仮定が必要で，その仮定をチェックすることも，証明自体もやさしくありません．一方，ルベーグ積分においては，証明もやさしい上に，なにより自然かつ簡単でゆるい仮定で成り立つのが御利益です．

さて，収束定理の中でもっとも基本的で，他の定理を導く鍵にもなるのが，次の**単調収束定理**です．

定理 10.1.1 （単調収束定理）．測度空間$(X, \mathcal{M}, \mu)$から$\overline{\mathbb{R}}$への可測な関数たち$f_1, f_2, \ldots$が非負で単調増加，すなわち，任意の$x \in X$について

$$0 \le f_1(x) \le f_2(x) \le \cdots \le f_n(x) \le \cdots$$

を満たし，かつ，fに各点収束しているならば，次のように極限と積分が交換できる（両辺無限大の場合も含めて次の等号が成立）．

$$\lim_{n\to\infty} \int_X f_n(x)\,\mu(dx) = \int_X \lim_{n\to\infty} f_n(x)\,\mu(dx) = \int_X f(x)\,\mu(dx).$$

次の主張は上の定理と同じことですが，こちらも便利ですし，また成り立つ理由が見やすいので，定理として掲げておきます．

定理 10.1.2 （無限級数の項別積分定理）．測度空間$(X, \mathcal{M}, \mu)$から$\overline{\mathbb{R}}$への可測な関数たち$f_1, f_2, \ldots$が非負，すなわち，任意の$x \in X$について$f_n(x) \ge 0$ならば，次のように総和と積分が交換できる．つまり，項別に積分できる（両辺無限大の場合も含めて次の等号が成立）．

$$\sum_{n=1}^{\infty} \int_X f_n(x)\,\mu(dx) = \int_X \sum_{n=1}^{\infty} f_n(x)\,\mu(dx).$$

この無限級数の項別積分が可能であることを見るには，まず，**f_nたちが単関数なら当たり前だ**，ということを認識するのが早道でしょう．なぜなら，これはだんだんと増加する単関数の積分

でその極限の積分を定める，というルベーグ積分の定義に他ならないからです．

そして，f_n が一般の関数の場合には，さらに f_n に単調増加して収束する単関数の列をとって，単関数による近似を二段構えにすればよいのです．具体的には，f_n ごとに

$$f_n(x) = \sum_{m=1}^{\infty} f_{n,m}(x), \quad (n = 1, 2, \ldots)$$

となるような非負の単関数列 $f_{n,1}(x), f_{n,2}(x), f_{n,3}(x), \ldots$ をとって，$\{f_{n,m}\}$ を一列に並び換えれば，上に書いた議論がそのまま成り立ちますから，そのあとで m についての和をとれば定理10.1.2の主張が示せます．

単調収束定理10.1.1については，$n = 1$ のとき $g_1 = f_1$，$n \geq 2$ のときは $g_n = f_n - f_{n-1}$ とおけば，$f_n(x) = \sum_{j=1}^{n} g_j(x)$ ですから，無限級数の項別積分定理に帰着します．

10.1.2　収束定理のヴァリエーション

その他の収束定理は前節の単調収束定理から簡単に導けます．そのために，次の**ファトゥの補題**を用意しておくのが通常の手続きです．この「補題」は下極限の主張なので，第3.1.4節で述べたように自由度が高く，収束定理を証明するのに便利です．

定理 10.1.3 (ファトゥの補題). 測度空間$(X, \mathcal{M}, \mu)$から$\mathbb{R}$への可測な関数たち$f_1, f_2, \ldots$が非負ならば，次が成り立つ.

$$\int_X \liminf_{n\to\infty} f_n(x)\,\mu(dx) \le \liminf_{n\to\infty} \int_X f_n(x)\,\mu(dx).$$

この補題は単調収束定理からただちに導かれます. $g_n(x) = \inf\{f_k(x) : n \le k\}$とおけば，$\{g_n(x)\}$は非負の単調増加列になって，$\lim g_n(x) = \liminf f_n(x)$なので，単調収束定理より

$$\begin{aligned}\int_X \liminf_{n\to\infty} f_n(x)\,\mu(dx) &= \int_X \lim_{n\to\infty} g_n(x)\,\mu(dx)\\ &= \lim_{n\to\infty} \int_X g_n(x)\,\mu(dx)\end{aligned}$$

という関係が得られます.

一方，このとき任意のxで$g_n(x) \le f_n(x)$なので，$\int_X g_n\,d\mu \le \int_X f_n\,d\mu$です. この両辺の下極限をとって（左辺の下極限は単調性から極限になる），上式と見比べれば，上の補題の主張に他なりません.

次の収束定理たちは，このファトゥの補題から簡単に導かれますが，議論がテクニカルなので，本書では主張を述べるだけにとどめておきます. しかし，定理の理解を深めるため，あとで応用例を挙げて解説しましょう.

収束定理の決定版が次の**ルベーグの収束定理**，またの名を優収束定理です.

定理 10.1.4（ルベーグの収束定理）．$(X, \mathcal{M}, \mu)$ から $\overline{\mathbb{R}}$ への可測関数の列 $f_1, f_2, \ldots$ が f に各点収束しているとき，任意の $x \in X$ について

$$|f_n(x)| \leq g(x), \quad (n = 1, 2, \ldots) \tag{10.1}$$

となる可積分な非負関数 $g(x)$ が存在すれば，次のように極限と積分の交換が成立する．

$$\lim_{n\to\infty} \int_X f_n(x)\,\mu(dx) = \int_X \lim_{n\to\infty} f_n(x)\,\mu(dx) = \int_X f(x)\,\mu(dx). \tag{10.2}$$

次の**有界収束定理**は上のルベーグの収束定理の自明な系にすぎませんが，有限の測度空間を主に扱う解析学（例えば確率論）では，使用頻度のもっとも高い収束定理かもしれません．

定理 10.1.5（有界収束定理）．有限測度空間，すなわち $\mu(F) < \infty$ であるような測度空間 $(F, \mathcal{M}, \mu)$ から，もしくは測度空間 $(X, \mathcal{M}, \mu)$ 上の有限な測度を持つ可測集合 F から，$\mathbb{R}$ への可測関数の列 $f_1, f_2, \ldots$ が f に各点収束しているとき，任意の $x \in F$ について

$$|f_n(x)| \leq M, \quad (n = 1, 2, \ldots) \tag{10.3}$$

となるような定数 $M \in \mathbb{R}$ が存在すれば，次のように極限と積分の交換が成立する．

$$\lim_{n\to\infty}\int_F f_n(x)\,\mu(dx) = \int_F \lim_{n\to\infty} f_n(x)\,\mu(dx) = \int_F f(x)\,\mu(dx).$$

この定理はルベーグの収束定理10.1.4で特に$g(x) = M$（定数）と選べた場合にすぎません．$\mu(F) < \infty$が仮定されているため，$\int_F |M|\,d\mu = M\mu(F) < \infty$となり，定数$M$も関数として可積分だからですね．

この有界収束定理について，もう1つ注意しておくならば，条件(10.3)が**nによらずどのf_nも同じ定数Mで抑えられている**，ということが大事です．これを単なる有界性と区別して，**一様有界性**と呼びます．

これはルベーグの収束定理でも同様で，どのf_nも同じ関数gで抑えられていました．そちらでは関数の形になっているので当たり前のこととして意識されませんが，一様に評価されることが大事なのです．

10.1.3 収束定理が適用できない例

では，収束定理の応用例を見てみましょう．応用と言っても，定理がうまくいかない例を見ます．定理を深く理解するには，仮定が満たされていないとどうして定理が機能しないことがあるのかを調べることが大事です．私たちは積分との関係の本質を見るために，単関数で例を作ってみます．

ルベーグ測度空間$(\mathbb{R}, \mathcal{E}, l)$から$\mathbb{R}$への，次のような関数列

$f_1, f_2, \ldots$を考えましょう.

$$f_n(x) = \begin{cases} n & (0 < x < 1/n\text{のとき}), \\ 0 & (\text{その他}). \end{cases}$$

図10.1のように$(0, 1/n)$の区間に高さnの杭が立っているだけの簡単な関数です.

図 10.1　尖っていく杭

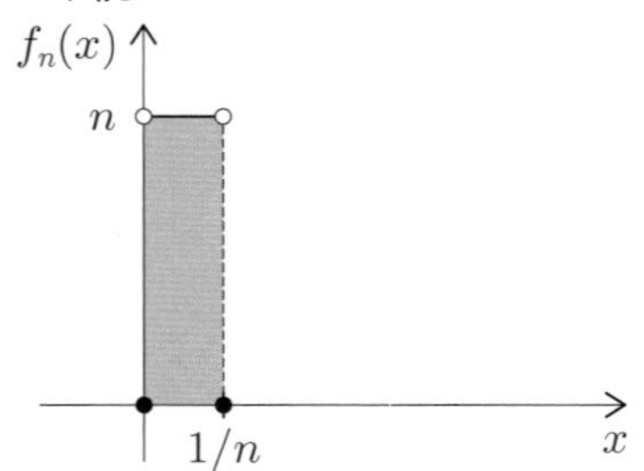

$\mathbb{R}$上で定義されていると思っても，$[0, 1]$上で定義されていると思ってもかまいませんが，いずれにせよ$f_n(x)$は定数関数$f(x) = 0$に各点収束しています.

なぜなら，$x \leq 0$ではnによらず$f_n(x) = 0$なので，もちろん$\lim_{n\to\infty} f_n(x) = 0$です．$x > 0$では十分に$n$を大きくとれば（具体的には$x \geq 1/n$となるように$n \geq 1/x$であれば)，$x$は「杭」の外にありますから$f_n(x) = 0$で，やはり$\lim_{n\to\infty} f_n(x) = 0$です.

この例では，杭の高さnがどんどん高くなっていくので，nによらない定数Mで抑えられません．そのため，有界収束定理10.1.5

は使えません．

では，ルベーグの収束定理10.1.4はどうでしょう．$x=0$に近づくと$1/x$くらいの高さで尖っていくので，これは$g(x)=1/x$という関数を0附近で単関数近似することになっています．しかし，$g(x)$は0を含む区間で可積分ではありません．面積1を保ったまま区間の測度が0に近づいていく単関数の近似が，積分を無限大にしてしまうからです．よって，f_nを可積分な関数で抑えることもできません．

このように$\{f_n\}$は収束定理の仮定を満たせないのですが，実際，杭の面積は常に$(1/n)\times n=1$ですから，

$$1=\lim_{n\to\infty}\int_{[0,1]} f_n(x)\,l(dx)\neq\int_{[0,1]}\lim_{n\to\infty} f_n(x)\,l(dx)=0$$

となって，極限と積分の交換は成立しません．

なにがこの交換を邪魔しているのでしょうか．比喩めいた表現になりますが，面積1の杭の極限の形と思われる，底辺の測度が0で高さが無限大の「針」のようなものが，積分の記号を通り抜けられないのです．底辺の測度が0で高さが無限大の単関数の積分は0ですので，この極限の積分と積分の極限を一致させることができません．

また別の観点からすれば，各点収束というものが，その見かけの単純さと自然さからは意外なことに，ややたちの悪い収束概念だからだとも言えるでしょう．実際，上の$\{f_n\}$が定数関数

$f(x) = 0$に収束する，ということを奇妙に思われる方が多いのではないでしょうか．細い杭か針のようなものがいつまでも残っているのに，極限では消えてしまうのですから．

また別の例を挙げましょう．今度は次のように単関数の列$\{g_n\}$を決めましょう．

$$g_n(x) = \begin{cases} 1 & (n < x < n+1 \text{のとき}), \\ 0 & (\text{その他}). \end{cases}$$

この$\{g_n\}$は図10.2 のように区間$(n, n+1)$の上だけに高さ1を持つ単関数（定義関数）です．

図 10.2　逃げていくタイル

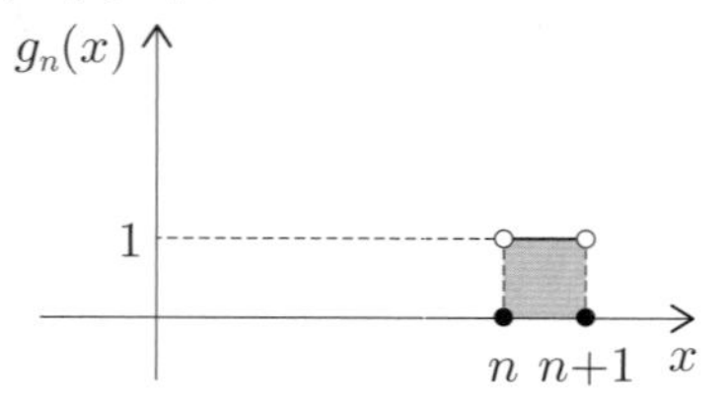

この関数列は一様有界ですが（例えば，nによらず$|g_n(x)| \leq 2$），測度空間が有限ではないので（$l(\mathbb{R}) = \infty$），有界収束定理の仮定は満たしません．また，どこまでも高さ1が残る以上，これを可積分な関数で一様に抑えることもできないので，ルベーグの収束定理も適用できません．

そして図10.1の杭の例と同様，g_nの積分値は常に$1 \times 1 = 1$なのに，$g_n(x)$は同じく定数関数$f(x)=0$に各点収束していて，この積分はもちろん0です．

この場合の問題点は，面積1のタイルが無限の彼方に逃げていってしまうために，$\mathbb{R}$のどこの値もいずれは0になる一方で，面積の極限は1のまま残っていることです．

このように収束定理の条件は，単関数がどこへも逃げていかないことを保証するもので，その限りにおいては，極限に対して積分の単関数近似が適切に使えて，積分と極限が交換できるのです．

10.2 フビニの定理

10.2.1 具体的に：2次元のルベーグ測度

私はガウス積分の値が1であること，つまり，

$$\frac{1}{\sqrt{2\pi}}\int_{\mathbb{R}} e^{-\frac{x^2}{2}}\,dx = 1$$

であることを初めて学んだとき，これを示す方法として，あえて2次元の積分に直して極座標変換で計算する次のアイデアに驚いたものです．

$$\begin{aligned}&\int_{\mathbb{R}} e^{-\frac{x^2}{2}}\,dx \int_{\mathbb{R}} e^{-\frac{y^2}{2}}\,dy = \int_{\mathbb{R}}\int_{\mathbb{R}} e^{-\frac{x^2+y^2}{2}}\,dx\,dy \\ &= \int_0^{\infty}\int_0^{2\pi} e^{-\frac{r^2}{2}}\,r\,dr\,d\theta = \int_0^{\infty} re^{-\frac{r^2}{2}}\,dr \int_0^{2\pi} d\theta\end{aligned}$$

$$= \left[-e^{-\frac{r^2}{2}} \right]_0^\infty [\theta]_0^{2\pi} = 2\pi.$$

この計算では，1次元の積分の積が2次元の積分に等しいこと，また，rとθの2つの変数を持つ関数の積分が，まずrで積分してからθで積分したものに等しいことが用いられています．これはいつでも正しいのでしょうか．

このような複数の積分の問題を簡単で自然な仮定のもとで保証するのがフビニの定理です．もちろんリーマン積分でも同様の定理があるのですが，収束定理のときと同じく強い仮定が必要で，証明もやさしくありません．

本書で具体的に扱ってきたのは1次元の測度だけなので，この定理について説明するには，まず，2次元の測度や，より抽象的には直積空間の測度を用意する必要があります．

では，2次元のルベーグ測度から始めましょう．1次元のルベーグ測度が1次元の図形（$\mathbb{R}$の部分集合）を基本図形である区間で覆って考えたように（4.1.2節），2次元の図形（座標平面$\mathbb{R}^2$の部分集合）にも同じアプローチをします．

そのための基本図形とは長方形，正確に言えば区間と区間の直積です．区間$I = [a, b]$と$J = [c, d]$（もちろん$a < b, c < d$）の直積$I \times J$とは，

$$I \times J = [a, b] \times [c, d] = \{(x, y) \in \mathbb{R}^2 : x \in [a, b] \text{ かつ } y \in [c, d]\}$$

のことです．この基本図形 $I \times J$ の「面積」$|I \times J|$ は，

$$|I \times J| = (b-a)(d-c)$$

であるべきでしょう．

そして，一般の部分集合 $A \subset \mathbb{R}^2$ については，1次元のときの式(4.1)とまったく同様に，可算個の基本図形たちで覆った上でその「面積」の和の下限でもって，そのルベーグ外測度 $l_2^*(A)$ を定義します（下ツキの"2"は2次元を表す意味で書きました）．

$$l_2^*(A) = \inf\left\{x = \sum_{n=1}^{\infty} |U_n| \in \mathbb{R} \,:\, A \subset \bigcup_{n \in \mathbb{N}} U_n\right\}$$

ここで，U_n は閉区間と閉区間の直積です．

この2次元のルベーグ外測度が2次元の面積に相当するものとして自然で良い性質を持つことも，1次元のときと同じように示すことができます．

また，劣加法性までは持つものの，互いに共通部分のない $A_1, A_2, \cdots \subset \mathbb{R}^2$ に対して可算加法性

$$l_2^*\left(\bigsqcup_{n=1}^{\infty} A_n\right) = \sum_{n=1}^{\infty} l_2^*(A_n)$$

は必ずしも成り立たない，という事情も同じです．

そこで，やはり同じく加法性が成り立つような図形だけを相手にするため，カラテオドリの条件「任意の $A \subset \mathbb{R}^2$ について

$$l_2^*(A) = l_2^*(A \cap E) + l_2^*(A \cap E^c)$$

が成り立つ」ような部分集合Eを可測集合と呼んで，可測集合たちの集合族$\mathcal{E}_2$にl_2^*を制限したものがルベーグ測度l_2であり，これらをセットにした3つ組$(\mathbb{R}^2, \mathcal{E}_2, l_2)$が2次元のルベーグ測度空間です.

2次元のルベーグ測度空間はやはり，私たちが自然に2次元図形の面積に期待する良い性質を持つことが同じように示せます. その良い性質のほとんどはルベーグ外測度から，つまり，基本図形（長方形）で覆ってその下限をとる，という考え方から引き継がれるのです.

10.2.2　抽象的に：直積測度

このように，測度は1次元のときに考えておけば多次元のときも同様にできる，と第4.1.1節（「1次元にも複雑な図形がある」）の冒頭に書いたのは嘘ではないのですが，2つの一般の測度空間に対してそれらの「直積」を考える，ということを抽象化しておくのが便利ですし，「同様にできる」ことの保証を与えることにもなります.

先に区間の直積を導入しましたが，一般の集合A, Bの**直積**$A \times B$を

$$A \times B = \{(a, b) : a \in A,\, b \in B\}$$

で定義します．ここで，括弧$(\cdot,\cdot)$は順序を区別したペアです．つまり，(a,b)と(b,a)は異なるものとします（たまたま$a=b$なら同じですが）．

では，2つの測度空間$(X,\mathcal{M},\mu)$と$(Y,\mathcal{N},\nu)$に対して，直積$X\times Y$の上に自然に測度を作りましょう．いわゆる「直積測度」の構成ですが，もっとも簡単な方法は次のように天下り式に定義してしまうことです．

定義 10.2.1 （直積測度空間）．2つの測度空間$(X,\mathcal{M},\mu)$と$(Y,\mathcal{N},\nu)$に対し，集合族$\mathcal{A}=\{(M,N)\,:\,M\in\mathcal{M},N\in\mathcal{N}\}$から生成された$\sigma$-加法族$\sigma[\mathcal{A}]$を$\mathcal{M}$と$\mathcal{N}$の**直積$\sigma$-加法族**と言い，$\mathcal{M}\times\mathcal{N}$と書く．

また，この可測空間$(X\times Y,\mathcal{M}\times\mathcal{N})$上の測度$m$で任意の$A=M\times N,(M\in\mathcal{M},N\in\mathcal{N})$に対し，$m(A)=m(M\times N)=\mu(M)\nu(N)$となるようなものを，$\mu$と$\nu$の**直積測度**と言い，$m=\mu\times\nu$と書く．

この測度空間$(X\times Y,\mathcal{M}\times\mathcal{N},\mu\times\nu)$を測度空間$(X,\mathcal{M},\mu)$と$(Y,\mathcal{N},\nu)$の**直積測度空間**と言う．

$X\times Y$や$M\times N$の“$\times$”は直積集合の意味ですが，$\mathcal{M}\times\mathcal{N}$の場合はあくまで上の意味であり，直積集合$\mathcal{A}=\{(M,N)\,:\,M\in\mathcal{M},N\in\mathcal{N}\}$のことではないことに注意してください（単なる直積集合ではσ-加法族とは限りません）．これは記号の濫用ですが，よく使われているので慣用に従います．

さて，上のように定義するのはけっこうなのですが，このような直積測度$\mu \times \nu$が存在するのか，存在してもそれが一意的かは，別の問題ということになります（“well-definedness”の問題！）．

実際，存在と一意性は無条件には成り立たないので，適当な条件のもとに一意的存在を示す証明が必要になります．これは基本的には有限加法族を構成して拡張定理を適用することで示されますが，かなり面倒なので省略します．私たちは，もっとも簡単な仮定として，2つの測度空間がともにσ-有限（定義6.1.3）ならば直積測度がただ1つ存在することを認めておきましょう．

このように直積集合上の測度についても，大きく分けて二通りの行き方があります．前節のように外測度から出発してカラテオドリの条件で外測度を制限するルベーグ測度の方法と，本節のように有限加法族などから拡張定理で測度に拡張する直積測度の方法です．

このことに関して1つ注意すべき微妙な問題があります．それはこの二通りの作り方に完備性の差があることです．第8.2.4節で述べたように，ルベーグ測度空間は区間の有限加法族とその長さから拡張して作った測度空間というだけではなく，完備なのでした（定理8.2.4）．

すると，完備な測度空間と完備な測度空間の直積測度空間は完備なのか，という問題が現れます．そして，これは一般には正しくありません．よって，1次元ルベーグ測度空間の直積測度空間として2次元以上のルベーグ測度空間を構成するには上の定義だけでは不十分で，定義の結果の直積測度を再び完備化する（定理8.2.3）という手続きが必要になります．

もちろん，ルベーグ測度空間と言いつつ完備化前の測度空間（8.2.4節の記号での $(\mathbb{R}, \sigma[\mathcal{A}], \mu)$）を用いている分には，このような完備性の問題は生じません．

10.2.3 フビニの定理

フビニの定理とは，おおまかに言えば，2変数の関数 $f(x,y)$ の積分について次のような計算を保証するものです．

$$
\begin{aligned}
\int_{X\times Y} f(x,y)\,d(\mu\times\nu) &= \int_X \left\{\int_Y f(x,y)\,d\nu\right\} d\mu \\
&= \int_Y \left\{\int_X f(x,y)\,d\mu\right\} d\nu
\end{aligned}
$$

つまり，直積集合上の積分は各集合上で順番に1つずつ積分したものに等しく，その順序はどちらが先でもかまいません．しかも，非常にゆるやかで自然な仮定で成り立ちます．

この定理の主張を述べるには，一方の変数を固定して残りの変数だけに注目して図形や関数を見る「切り口」の考え方が必要になります．

今，直積集合 $X\times Y$ の部分集合 E と点 $y\in Y$ に対し，

$$E_y = \{x \in X : (x, y) \in E\}$$

で定義される X の部分集合 E_y を，E の y による**切り口**，もしくは切断と呼びます（図10.3）．もし，$(x, y) \in E$ となるような x が存在しないときも，$E_y = \emptyset$ となるだけのことなので，この切り口はいつでも定義されています．

同様にして，E の点 $x \in X$ による切り口は次で定めます．

$$E_x = \{y \in Y : (x, y) \in E\} \subset Y.$$

図 10.3　集合の切り口

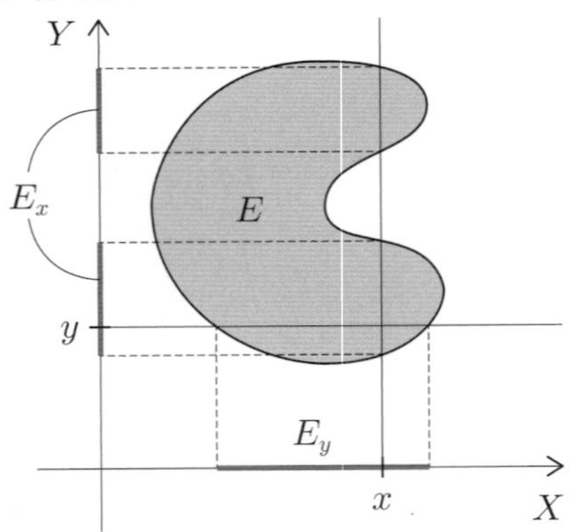

集合の切り口の概念自体は測度と無関係に直積集合の部分集合に対して定義されますが，ここからはそれぞれ σ-有限な測度空間の直積測度空間 $(X \times Y, \mathcal{M} \times \mathcal{N}, \mu \times \nu)$ について考えます．

最初に注意すべきことは，$E \in \mathcal{M} \times \mathcal{N}$ ならば，つまり E が可

測集合ならば，任意の$x \in X$について$E_x \in \mathcal{N}$，すなわち切り口E_xも可測集合である，また，任意の$y \in Y$について$E_y \in \mathcal{M}$である，ということです．もちろんこのことは自明ではありませんが，これを満たすような集合たちの集合族がσ-加法族になることから容易に示せます．

次は**関数の切り口**を考えましょう．関数$f(x,y) : X \times Y \to \overline{\mathbb{R}}$に対し，

$$f_y(x) : X \to \overline{\mathbb{R}}, \quad f_y : x \mapsto f(x,y)$$
$$f_x(y) : Y \to \overline{\mathbb{R}}, \quad f_x : y \mapsto f(x,y)$$

をそれぞれ$f(x,y)$のyによる切り口，xによる切り口，または切断と呼びます．

この関数の切り口についても，fが（$\mathcal{M} \times \mathcal{N}$-）可測関数なら$f_y$も（$\mathcal{M}$-）可測で，$f_x$も（$\mathcal{N}$-）可測であることがわかります．これは単関数の近似によって上の集合の切り口の可測性に帰着されるからです．

以上の準備のもとで，フビニの定理の主張は次のようになります．

定理 10.2.1（フビニの定理）．σ-有限な2つの測度空間の直積測度空間$(X \times Y, \mathcal{M} \times \mathcal{N}, \mu \times \nu)$上の非負（$\mathcal{M} \times \mathcal{N}$-）可測関数$f$に対し，

$$F_1(x) = \int_Y f(x,y)\,\nu(dy), \quad F_2(y) = \int_X f(x,y)\,\mu(dx)$$

はそれぞれ順に$\mathcal{M}$-可測，$\mathcal{N}$-可測な非負関数であって，次の等式が（どれも無限大のときも含めて）成立する．

$$\begin{aligned} &\int_{X\times Y} f(x,y)\,d(\mu\times\nu) \qquad (10.4)\\ =\ &\int_X \left\{\int_Y f(x,y)\,\nu(dy)\right\} \mu(dx)\\ =\ &\int_Y \left\{\int_X f(x,y)\,\mu(dx)\right\} \nu(dy). \end{aligned}$$

また，fが負の値をとりうるときも$\mu\times\nu$-可積分であれば，ほとんどいたるところの$x \in X$について$f_x(y)$はν-可積分，かつ，ほとんどいたるところの$y \in Y$について$f_y(x)$はμ-可積分，上の$F_1(x), F_2(y)$もそれぞれμ-可積分，ν-可積分で，上の等式(10.4)が成り立つ．

定理の文中の「ほとんどいたるところ」は第9.2.5節で導入した概念ですが，それに関して1つ注意をしておきます．

第10.2.2節の最後にも述べた事情で，私たちが応用上もっともよく使うであろうルベーグ測度空間にこのフビニの定理を適用する場合には，微妙な問題があります．それはルベーグ測度空間の直積測度空間が完備とは限らないため，上の定理を少し修正した「ルベーグ測度版」が必要になることです．

とは言え，上の定理の文中に現れた箇所の他のところにも，「ほとんどいたるところ」という決まり文句が付け加わるだけです．そもそも"a.e."の差は気にしないというルベーグ積分論の立場からして，ほぼ同文の定理をここで繰り返す必要はないでしょう．

フビニの定理は積分が存在すれば成り立つ上に，ルベーグ積分の枠組みでは極めて自然な性質です．実際，その証明も単関数で近似する今までの方針通りですので，標準的な教科書に任せましょう．

しかし，その自然さを強調しすぎるあまり，積分の順序がいつでも交換できるという誤解を与えるのは危険です．例えば，次の例は人工的でわざとらしくはあるものの，フビニの定理が成立しない仕組みを見てとるのには好都合でしょう．

例 10.2.1 （フビニの定理が適用できない例）．$[0,1] \times [0,1]$ 上の関数 $f(x,y)$ を次で定義する．

$$f(x,y) = \begin{cases} 1/x^2 & (0 < y < x < 1 \text{のとき}), \\ -1/y^2 & (0 < x < y < 1 \text{のとき}), \\ 0 & (\text{それ以外のとき}). \end{cases}$$

これを x で積分すると，

$$\begin{aligned} \int_0^1 f(x,y)\,dx &= \int_0^y f(x,y)\,dx + \int_y^1 f(x,y)\,dx \\ &= \int_0^y \frac{-1}{y^2}\,dx + \int_y^1 \frac{1}{x^2}\,dx \end{aligned}$$

$$
\begin{aligned}
&= -\frac{1}{y^2}[x]_0^y + \left[\frac{-1}{x}\right]_y^1 \\
&= -\frac{1}{y} + \left(\frac{-1}{1} - \frac{-1}{y}\right) = -1
\end{aligned}
$$

である一方で，yで積分すると，

$$
\begin{aligned}
\int_0^1 f(x,y)\,dy &= \int_0^x f(x,y)\,dy + \int_x^1 f(x,y)\,dy \\
&= \int_0^x \frac{1}{x^2}\,dy + \int_x^1 \frac{-1}{y^2}\,dy \\
&= \frac{1}{x^2}[y]_0^x + \left[\frac{1}{y}\right]_x^1 \\
&= \frac{1}{x} + \left(\frac{1}{1} - \frac{1}{x}\right) = 1
\end{aligned}
$$

だから，

$$
-1 = \int_0^1 \left\{\int_0^1 f(x,y)\,dx\right\} dy \neq \int_0^1 \left\{\int_0^1 f(x,y)\,dy\right\} dx = 1.
$$

上の例にフビニの定理が適用できないのはもちろん，$f(x,y)$が可積分でないからです．このことは，各$[0,1]$区間に$1/\sqrt{n}\,(n = 1,2,\ldots)$の分点をとって，単関数で$f$を下から近似すればすぐにわかります．簡単に言えば，原点附近での$1/x$の成長が早いので$\int_0^1 (1/x)dx$が無限大になるのと同じ事情です．

一方で，x, yで順番に積分するときには，上の積分の計算でわかるように1次元方向について$1/x$の程度の成長を正負でうまく打ち消すことができて，積分が値を持つことになっているのです

(図 10.4).

図 10.4　フビニの定理が適用できない例

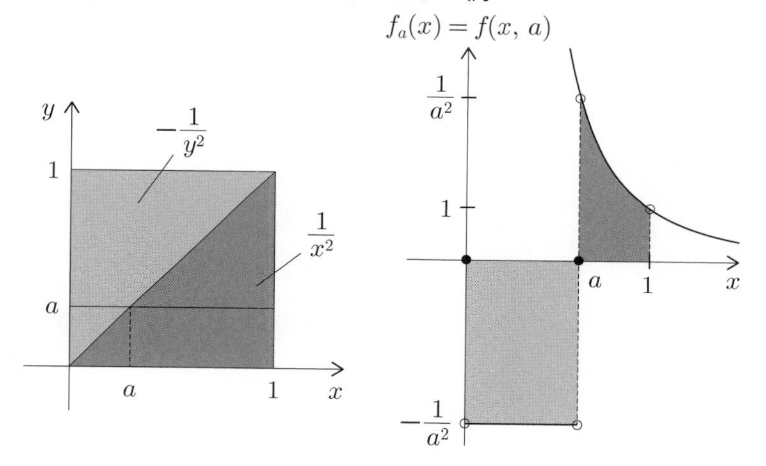

10.3　微分との関係

10.3.1　積分と微分との交換

極限と積分の交換（10.1 節の収束定理），積分と積分の交換（10.2.3 節のフビニの定理）を保証する定理群を見てきましたが，微分と積分の交換をしたいときもあります.

具体的に書けば，パラメータ t を持つ関数 $f_t(x)$ に対し，t による微分と x による積分を

$$\frac{d}{dt}\int_X f_t(x)\,\mu(dx) = \int_X \frac{d}{dt} f_t(x)\,\mu(dx)$$

のように交換したい場合です.

関数に主な変数の他にパラメータがついていたり，積分の形で表現されていたりということは理論的にも応用面でもよく現れるので，この手の交換が重要なポイントになる場合があります.

また本来の問題にはパラメータが含まれていなくても，あえて導入してその微分を考えることで問題が解ける，ということもあります．例えば，ある積分が容易には計算できそうにないとき，わざとパラメータを導入してそれで微分すると積分できる，とか，そのパラメータの微分方程式が導かれてそれが解ける，といった場合です.

別の例として，確率論で用いられるモーメント母関数のアイデアが挙げられます．それは$e^{-\alpha Z(x)}$の形の関数の積分なのですが，この積分さえ求まれば，あとはパラメータαで微分して0を代入することで，任意の$n = 1, 2, \ldots$について$Z(x)^n$の積分がまるごと得られます.

このような交換がいかなる条件の下で可能なのか，という問題もリーマン積分ではなかなか議論が難しくなるのですが，ルベーグ積分では次の定理が簡単に証明できます.

定理 10.3.1 （微分と積分の交換）．測度空間$(X, \mathcal{M}, \mu)$と開区間Iに対し，$X \times I$から$\mathbb{R}$への関数$f(x,t)$が$x \in X$の関数として可積分，$t \in I$の関数として微分可能とする．このとき，任意の$x \in X, t \in I$について

$$\left|\frac{d}{dt}f(x,t)\right| \leq g(x)$$

となるようなX上の可積分な関数$g(x)$が存在すれば，$\int_X f(x,t)\,\mu(dx)$はtの関数として微分可能で，次の微分と積分の順序交換が成り立つ．

$$\frac{d}{dt}\int_X f(x,t)\,\mu(dx) = \int_X \frac{d}{dt}f(x,t)\,\mu(dx).$$

この証明のエッセンスは，fの微分の近似に対して

$$\frac{f(x,t+\varepsilon) - f(x,t)}{\varepsilon} = \frac{df}{dt}(x,\theta)$$

となる$\theta \in [t, t+\varepsilon]$が存在するので（なつかしの平均値の定理），仮定よりこの絶対値が$g(x)$で抑えられることです．あとはルベーグの収束定理10.1.4を使うだけですね．

10.3.2 微積分学の基本定理

前節と同じく平均値の定理と収束定理から簡単に示せる，もう1つの大きな御利益は「微積分学の基本定理」の改善です．

実際，ルベーグ積分の枠組みでは次の定理が成り立ちます．

定理 10.3.2 (微積分学の基本定理(ルベーグ積分版)). 関数 $f : [a, b] \to \mathbb{R}$ について, 微分 f' が存在して閉区間 $[a, b]$ で有界ならば, f は同区間で(ルベーグ測度によるルベーグ積分の意味で)積分可能で,

$$f(x) = f(a) + \int_a^x f'(t)\,dt, \quad (a \leq x \leq b) \tag{10.5}$$

が成り立つ.

昔習った(リーマン積分の)微積分学の基本定理とどこが違うのか, と思われたのではありませんか? 主張はほとんど同じに見えますし, 実際, 証明もほとんど同じなのですが, ポイントは f' の可積分性です.

基本定理には, 関数の定積分を微分すると元の関数に戻る, という主張と, その逆に, 上式(10.5)のように関数の微分を積分すると元の関数に戻る, という主張の両面があります.

この後者の主張では, そもそも関数の微分が積分できなければなりません. 言い換えれば, 原始関数に対して元の関数が積分できるための条件が必要です. 基本定理の精神としては, ほとんど仮定をおかずに,「ある関数 h の原始関数 f (つまり $f' = h$) が存在すれば, それは積分 $\int h$ だ」と言いたいのに, リーマン積分の範囲では強い条件をおかざるをえません.

実際, 原始関数を持つ有界な関数なのにリーマン積分できない

例が知られています[注1]．一方，上の定理ではf'が有界でさえあればよく，事実上の無条件です．

これが可能になるエッセンスは，f'の近似として

$$f_n(x) = \frac{f(x+1/n) - f(x)}{1/n}$$

とおくことです．するとf_nはf'に各点収束していて，f'の存在よりfは連続なので可測，よってf_nも可測，ゆえにf'も可測です．

したがって，f'の有界性と有界収束定理10.1.5からただちに，

$$\lim_{n\to\infty}\int_a^b f_n(x)\,dx = \int_a^b \lim_{n\to\infty} f_n(x)\,dx = \int_a^b f'(x)\,dx$$

が言えてしまいます．まさに，ルベーグ積分とその収束定理の優位性が発揮される典型例です．

10.3.3 ルベーグ積分論における微分学

上で見たように一変数の微積分学についてもルベーグ積分の理論は威力を発揮します．しかし，ルベーグ積分の世界では測度空間の上で関数が定義されているので，この抽象的な設定において「微分」とはなにを意味しているのか，そしてルベーグ積分とどういう関係にあるのか，と思われた方もいるのではないでしょう

注1　この例として「ヴォルテラの反例」が知られているが，その構成はかなり難しい．吉田洋一[11]の「付録 反例そのほか」§3に丁寧な解説がある．

か．本節ではその入口の部分を簡単に見ておきましょう．

一変数の微積分学においては，$f(x)$ に対して，

$$f'(x) = \lim_{\varepsilon \to 0, \varepsilon \neq 0} \frac{f(x+\varepsilon) - f(x)}{\varepsilon}$$

で微分（導関数）f' を定義するのでした．このことは多変数の微積分学でも本質的には同様です．

しかし，測度空間 $(X, \mathcal{M}, \mu)$ の X には足し算が定義されていませんし，可測関数の値の実数とも無関係ですので，上の微分の定義式が意味を持ちません．測度の世界でこれに対応するものはなんでしょう．

この問題のキーポイントは集合族を定義域にする関数，つまり集合に値を与える関数，すなわち集合関数です．微積分学の基本定理では定積分 $\int_0^x f(t)\,dt$ を変数 x の関数と見るのですが，これは $[0, x]$ という区間（集合）に積分値を与える集合関数と考えることができます．一方で，測度自体が可測集合に値を与える関数なのでした．

今，ルベーグ測度空間 $(\mathbb{R}, \mathcal{E}, l)$ 上の可測関数 $f(x) : \mathbb{R} \to \overline{\mathbb{R}}$ を非負としましょう．このとき，$A \in \mathcal{E}$ に対して，

$$F(A) = \int_A f(x)\, l(dx), \quad F : \mathcal{E} \ni A \mapsto F(A) \in \overline{\mathbb{R}}$$

で定めた集合関数 $F(A)$ は，$(\mathbb{R}, \mathcal{E})$ 上の測度になります．これは積分の性質と単関数近似からの収束定理で確認できます．

この測度F側から見れば，fはFの「密度」のようなものです．喩えれば，ルベーグ測度が実数直線上の長さであるのに対して，この測度Fはこの直線上の「重さ」で，場所xでの密度が$f(x)$で与えられています．

この観点からすれば基本定理とは，測度と密度に関する定理であるわけです．以下では簡単に，測度の微分の世界におけるこの道筋を見ておきましょう．まず，主役になる加法的集合関数を導入します．これは，非負の値をとる集合関数である測度を，正負の値をとりうるよう一般化したものです．

定義 10.3.1 （加法的集合関数）．可測空間$(X, \mathcal{M})$に対し，$\mathcal{M}$から$\mathbb{R}$への（集合）関数φがσ-加法性を持つとき，φを**加法的集合関数**と呼ぶ．

ここで，φが有限の値をとることも仮定されていることに注意してください．というのも，以下では加法的集合関数の差を考えたいため，$\infty - \infty$のような無意味な演算を避ける必要があるからです[注2]．

なお有限値であることから，自動的に$\varphi(\emptyset) = 0$になります．なぜなら加法性から，

注2　無限大の値も許したまま，無意味な演算だけは避けるように注意深く議論することも可能だが，やや技巧的になる．

$$\varphi(\emptyset) = \varphi(\emptyset \sqcup \emptyset) = \varphi(\emptyset) + \varphi(\emptyset)$$

となるからです.

さて，このように一般化したばかりですが，加法的集合関数は測度と測度の差で書けるのです.

定理 10.3.3 （ジョルダン分解）．σ-有限な可測空間$(X, \mathcal{M})$上の加法的集合関数$\varphi : \mathcal{M} \to \mathbb{R}$に対し，この$(X, \mathcal{M})$上の有限な測度$\mu, \nu$で，任意の$A \in \mathcal{M}$について

$$\varphi(A) = \mu(A) - \nu(A) \tag{10.6}$$

となるものが存在する.

上の定理では測度μ, νの存在しか主張していませんが，これを具体的に書くこともできて，

$$\mu(A) = \sup_{E \subset A} \varphi(E), \quad \nu(A) = \inf_{E \supset A} \varphi(E)$$

が上式(10.6)を満たします．このμを上変動，$-\nu$を下変動と呼びます．また，$\mu + \nu$は測度になりますが，これを全変動と言います.

よって，私たちは加法的集合関数を扱うにあたって，基本的には（有限）測度だけ考えていればよいことになります.

上で注意したように，可積分な関数fによって，

$$\varphi(A) = \int_A f(x)\,\mu(dx)$$

と定めれば，φが加法的集合関数であることはすぐにわかります．ここで考えたいのは逆に，φが一般に加法的集合関数として与えられたときに，上のように積分で書く$f(x)$が存在するか（φの微分！），という問題です．

その答が，これから見る**ルベーグ分解**と**ラドン-ニコディムの定理**なのですが，その前に鍵になる概念を用意しておく必要があります．それが絶対連続性と特異性です．

定義 10.3.2（絶対連続性と特異性）．測度空間$(X, \mathcal{M}, \mu)$上の加法的集合関数$\varphi : \mathcal{M} \to \mathbb{R}$に対し，$\mu(A) = 0$となる任意の$A \in \mathcal{M}$について$\varphi(A) = 0$となるとき，$\varphi$は$\mu$に関して**絶対連続**であると言い，記号で$\varphi \ll \mu$と書く．

また，μ-零集合Nで，$A \subset X \setminus N$を満たす任意の$A \in \mathcal{M}$について$\varphi(A) = 0$となるものが存在するとき，φはμに関して**特異**であると言い，記号で$\varphi \perp \mu$と書く．

特異の概念の方はちょっとわかりにくいですが，要はφがμ-零集合の上だけに集中していて，その意味でμとは別世界に住んでいるというわけです．

加法的集合関数は常に次のように絶対連続な部分と特異な部分に分解できて，しかも，その絶対連続な部分については「密度」

を持つ，ということが，私たちの掲げた問題への答です．

定理 10.3.4 （ルベーグ分解）．σ-有限な測度空間$(X, \mathcal{M}, \mu)$上の加法的集合関数$\varphi : \mathcal{M} \to \mathbb{R}$に対し，$\mu$に関して絶対連続な加法的集合関数$F$と特異な加法的集合関数$\psi$で，任意の$A \in \mathcal{M}$について

$$\varphi(A) = F(A) + \psi(A)$$

となるものが一意的に存在する．

定理 10.3.5 （ラドン-ニコディムの定理）．上の定理の絶対連続なFに対して，任意の$A \in \mathcal{M}$について

$$F(A) = \int_A f(x)\,\mu(dx) \tag{10.7}$$

となる可積分な関数fが，（「ほとんどいたるところ」の意味で）一意的に存在する．

Fに対する「密度」fのことを，μに関する**ラドン-ニコディムの密度関数**と呼んで，$\frac{dF}{d\mu}$と書きます．つまり，Fの微分に相当するものです．

今，調べたい集合関数があるときに，それが上式(10.7) のように積分の形に書ける，ということは非常に好都合です．と言うのも，集合関数より可積分な関数fの方がずっと私たちにはなじみ深く，性質も良く，調べる手段が色々とあるからですね．これは

まさに，私たちがよく知っている微分積分で，調べたい関数を微分して研究するのと同じことです．

このように，絶対連続性が，測度空間上の解析学で「微分」に相当する概念を利用するための鍵になります．なお，微積分学をかなり先まで学んだ読者の中には，一変数の実数値関数$g : \mathbb{R} \to \mathbb{R}$についての「絶対連続性」の概念をご存知の方もいるかもしれません．

そのときの絶対連続性の定義と上の定義10.3.2はずいぶんと違って見えるでしょうが，それは実数直線上のルベーグ測度を測度として意識していなかったためです．それを測度空間上の集合関数に一般化したものが上の定義になっていることだけ注意して，測度空間の微分の理論はここまでにしておきましょう．

10.3.4 最後に

測度の考え方を具体から抽象，抽象から具体への2つの方向で見たあと，その最大の応用先であるルベーグ積分の理論をざっと眺めました．最後にこの先の風景を簡単にお話ししておきます．

1つの方向は，ルベーグ積分の理論を標準の積分理論として，その上に関数解析学の世界を構築することです．これは関数を無限次元のベクトル空間のベクトルと見て，関数の性質を幾何学的に研究する手法ですね．この手法のコンパクトで強力な応用は，フーリエ解析（のL^2理論）でしょう．実際，通常の「ルベーグ積分論」の教程にはこの関数解析学とフーリエ解析への導入の2つが含まれることがほとんどです.

また別の方向は，測度の抽象化を利用して，一見，面積や体積とは異なるようなものを測度として捉え，研究することです．典型的な例は，確率論でしょう．思いがけないことですが，確率とは測度なのです.

他にも色々なものを，実は面積や体積と同じようなものだ，とみなしたり，面積や体積を求める計算と本質的に同じだぞ，と見抜いたりすることで，思いがけない数学の世界が拓けることがあります.

本書はあくまで測度論の基本的な考え方に集中して，測度論と積分論の入口のところまで皆さんをご案内することが目的でしたので，ここで一旦はお別れになります.

もし，必要だろうけれども面倒でやっかいな測度論，というイメージが少しでも払拭されて，その豊穣な世界にさらなる興味を持っていただけたならば，本書は十分な成果を得たことになるでしょう.

参考文献

[1] ツァピンスキ, M. & コップ, E.『測度と積分 入門から確率論へ』, 二宮祥一・原啓介訳, 培風館 (2008).

[2] デーデキント,『数について — 連続性と数の本質』, 岩波文庫 (1961).

[3] デデキント,『数とは何か そして何であるべきか』, ちくま学芸文庫 (2013).

[4] 原啓介,『測度・確率・ルベーグ積分』, 講談社 (2017).

[5] 伊藤清三,『ルベーグ積分入門』(数学選書 4), 裳華房 (1963).

[6] 小平邦彦,『[軽装版] 解析入門 I, II』, 岩波書店, (2003).

[7] 志賀浩二,『ルベーグ積分 30 講』, 朝倉書店 (1990).

[8] 杉浦光夫,『解析入門 I, II』(基礎数学 2, 3), 東京大学出版会, (1980).

[9] テレンス・タオ,『ルベーグ積分入門』, 舟木直久監訳, 乙部厳己訳, 朝倉書店, (2016).

[10] 吉田伸生,『ルベーグ積分入門』, 遊星社 (2006), (日本評論社より新装版として再販 (2021)).

[11] 吉田洋一,『ルベグ積分入門』(新数学シリーズ 23), 培風館 (1965);『ルベグ積分入門』, ちくま学芸文庫, (2015).

索引

あ行

アルキメデス 6
アレフ（$\aleph$） 22
アレフゼロ（$\aleph_0$） 22

一様有界性 219
1対1対応 20
1対1の写像 60

ヴォルテラの反例 239
上に有界（な集合） 46
上への写像 59
well-definednessの問題 128

か行

開区間 40
外測度（カラテオドリの） 113
外測度（ルベーグの） 75
カヴァリエリの原理 10
ガウス積分 223
下界 46
下極限 51
拡張，拡大，延長（写像の） 63
拡張（（前）測度の） 170
拡張定理（E.Hopfの拡張定理）
.... 171
拡張定理（測度の） 166
各点収束 194
下限（集合の） 48
可算加法性 85, 126
可算個 26
可算集合 26
可積分 206
可測関数 190
可測空間 124
可測集合 124
可測集合（ルベーグ可測集合） 109
可測（ルベーグ可測） 109
可付番集合 26
加法的集合関数 241
下方連続性（測度の） 158
カラテオドリの外測度 113
カラテオドリの条件 93, 96
関数 56, 64
関数の連続性 64
完全加法性 85, 126
カントール, G. 23
カントール集合 71
完備化（測度空間の） 178
完備な測度空間 178

逆写像 61
逆像 62
QED 147
共通部分（積集合，交差） 29
切り口（関数の） 231
切り口（集合の） 230

空集合 18
区間 40
区間の直積 224

元（集合の） 15

コンパクト性 80

さ行

最小値（集合の） 47
最大値（集合の） 46
差集合 32

始域（定義域） 55
σ-加法性 85, 126
σ-加法族 123
σ-加法族の大小関係 135
σ-有限な測度 127
σ-有限な測度空間 127
指示関数 196
実数 19, 43
実数直線（数直線） 45
実数の連続性 45
自明な σ-加法族 133
自明な測度 137
写像 55
写像の拡張（拡大，延長） 63
写像の制限（縮小） 63
終域 55
集合 14
集合関数 240
集合族 18
集合族から生成された σ-加法族 163
循環小数 44
上界 46
上極限 51
上限（集合の） 47
小数 44
上方連続性（測度の） 156
ジョルダン分解 242
振動（数列の） 54
真部分集合 17

推移的 37
数直線（実数直線） 45
制限，縮小（写像の） 63
整数 19
生成された σ-加法族（集合族から） 163
生成された σ-加法族（分割から） ... 134
積分可能 206
絶対連続性 243
切断（デデキントの） 44
切断（関数の） 231
切断（集合の） 230
ZF 系 119
ZFC 系 119
全射 59
前測度 166, 169
前測度の拡張 170
全体集合 27
選択公理 38
全単射 60

像 61
添え字 29
添え字集合 29
属する（集合に） 15
測度 125
測度空間 126
測度（前測度）の拡張 166, 170
測度の拡張定理 166
測度の拡張定理（E.Hopf の拡張定理） 171
測度の下方連続性 158
測度の上方連続性 156
存在 30

た行

対称的 37
代表元 38
互いに素（集合が） 35
高々可算 26

単関数 197
単射 60
単調収束定理 214, 215
単調性（外測度の） 82
単調性（測度の） 153
単調増大列 49

値域 59
値域（終域の意味で） 55
直積（区間の） 224
直積 σ-加法族 227
直積（集合の） 226
直積測度 227
直積測度空間 227
直和（集合の） 34

ツェルメロ-フレンケルの公理系 119

定義域 55
定義関数 196
ディラック測度 143
デデキント, R. 44
デルタ測度 143

同値関係 36
同値類 37
特異性 243
特性関数 196
ド・モルガンの法則 33
とりつくし法 6

な行

2次元のルベーグ外測度 225
2次元のルベーグ測度 226
2次元のルベーグ測度空間 226

濃度（集合の） 22

は行

ハイネ-ボレルの被覆定理 80
発散（数列の） 54
バナッハ-タルスキの逆理 120
ハルモスの墓石 147
半開半閉区間 40
反射的 36

非可算（集合） 26
非交差 35
微積分学の基本定理（ルベーグ積分版） 238
否定（～でない） 33
微分と積分の交換 237

ファトゥの補題 217
含まれる（部分集合として） 17
フビニの定理 231
部分 σ-加法族 135
部分集合 17
分割から生成された σ-加法族 134
分割（集合の） 36

平均値の定理（微分の） 237
閉区間 40
平行移動不変性 84
ベン図 28

包含関係 17
包含する 17
補集合 32
ホップ（E.Hopf）の拡張定理 171
ほとんどいたるところ 210
ボレル集合族 180

ま行

または 28

無限 20
無限級数の項別積分定理 215
無限大（∞） 41
無理数 19

モーメント母関数 236

や行

有界（数列の） 49
有界（な集合） 46
有界収束定理 218
有界単調数列の収束 49
有限 20
有限加法性 85, 150
有限加法族 166
有限加法的測度 170
有限集合上の σ-加法族 127
有限集合上の測度 138
有限測度 127
有限測度空間 127
有限分割を持つ集合上の測度 140
有理数 19

ら行

ラドン-ニコディムの定理 244
ラドン-ニコディムの密度関数 244

リーマン積分 185

ルベーグ, H. 11
ルベーグ外測度 75
ルベーグ外測度（2 次元） 225
ルベーグ可測 109
ルベーグ可測集合 109
ルベーグ可測でない集合 116
ルベーグ測度 109
ルベーグ測度空間（2 次元） 226
ルベーグ測度（2 次元） 226
ルベーグの収束定理 217
ルベーグ分解 244

零集合 125
劣加法性 86, 154
連続関数 64
連続性（関数の） 64
連続性（実数の） 45

わ行

和集合（合併，結び） 27

本書の最新情報は，右のQRコードから
書籍サイトにアクセスの上，ご確認ください．

知の扉
測度の考え方
～測り測られることの数学～

2023年 1月21日　初版　第1刷発行
2024年 8月 6日　初版　第3刷発行

著　者　原　啓介
発行者　片岡　巌
発行所　株式会社技術評論社
東京都新宿区市谷左内町21-13
電話　03-3513-6150　販売促進部
03-3267-2270　書籍編集部

印刷／製本　株式会社加藤文明社

定価はカバーに表示してあります。

●ブックデザイン　大森　裕二
●本文DTP　株式会社トップスタジオ

ISBN978-4-297-13243-9 C3041
Printed in Japan